Wolfram Beschle und Karl-Ludwig Oehler

Das Kino im Kopf

Erfolgreich führen und verkaufen mit Geschichten!

Bibliografische Information der Deutschen Nationalbibliothek:
Die Deutsche Nationalbibliothek verzeichnet diese Publikation
in der Deutschen Nationalbibliografie;
detaillierte bibliografische Daten sind im Internet über
http://dnb.d-nb.de abrufbar.

Zeichnungen: Oliver Kirstein, Diana Beschle
Satz, Umschlaggestaltung, Herstellung und Verlag:
Books on Demand GmbH, Norderstedt

ISBN: 978-3-8391-9481-2

Inhaltsverzeichnis

So entstand das Buch

Wir treffen uns vor der Sparkasse, schauen uns lächelnd an: „Du beginnst heute auch die Ausbildung bei der Sparkasse?“ Nach dem bestätigenden Kopfnicken betreten wir voller Erwartung das Gebäude und starten damit ins Berufsleben.

So begann im August 1977 unsere gemeinsame Geschichte und damit sind wir mitten im Thema. Warum schreiben zwei ehemalige Banker zusammen ein Buch? Dafür gibt es drei Gründe:

- Das Buch ergänzt unsere Arbeit. Wir freuen uns darauf, damit noch mehr Menschen zu erreichen.
- Ein Buch zu schreiben, ist neu für uns und Neues fordert uns heraus. Wir finden es wichtig, immer wieder neue Lebenswege zu gehen.
- Wir haben Freude an einem gemeinsamen Projekt. Auch wenn unsere gegensätzlichen Persönlichkeiten die Zusammenarbeit manchmal zur Herausforderung werden lassen.

Die Vorbereitung des Buches hat uns zu der Frage geführt, wie wir selbst mit Geschichten in Berührung gekommen sind. Verblüfft stellten wir fest, dass wir beide an dasselbe Erlebnis dachten: Der Geschichtenerzähler im Singener Freibad. Heute schon kaum mehr vorstellbar, saß damals vor über 40 Jahren eine große Zahl von Mädchen und Jungen im Gras rund um einen älteren Herrn in Badehose und Bademantel, der stundenlang Geschichten erzählte. Ab und zu machte er eine Pause, um eine Runde zu schwimmen. Wir konnten uns beide an die atemlose Spannung und das stille, konzentrierte Zuhören erinnern.

Vermutlich hat uns das geprägt. Denn in Seminaren, Workshops arbeiten wir gerne mit Geschichten. Geschichten berühren Menschen auch heute noch emotional. Geschichten verpacken die Botschaft und sprechen damit eine unbewusste Ebene bei Menschen an. Die Filterfunktion unseres wachen Bewusstseins wird so manchmal umgangen. Das erleichtert tiefer liegende Erkenntnisprozesse.

Die eine oder andere Geschichte werden Sie vermutlich kennen oder in ähnlicher Weise schon gelesen oder gehört haben. Unser Anspruch mit diesem Buch ist nicht, ausschließlich neue Geschichten vorzustellen. Wir stellen Geschichten vor, die sich in unserem beruflichen Alltag bewährt haben. Geschichten, die bei Seminarteilnehmern, Mitarbeitern, Verkäufern und Führungskräften immer wieder die Frage ausgelöst haben: „Haben Sie ein Buch mit Ihren Geschichten? Ich möchte mit meinen Verkäufern, meinen Mitarbeitern gerne über das Thema sprechen."

Nun gibt es dieses Buch und darüber freuen wir uns.

Müllheim/Rielasingen, im September 2010

1 Positiv leben

1.1 Konzentration auf das Wesentliche

Konzentration auf das Wesentliche

Die Entscheidung für eine persönliche Veränderung oder eine neue berufliche Aufgabe, löst im Umfeld des Handelnden immer wieder Diskussionen, Fragen, auch Skepsis aus. „Bedenkenträger“ kennt jeder, der Projekte in Unternehmen initiiert oder begleitet. Wer Großes in seinem Leben erreichen will, tut gut daran, sich auf seine Kompetenzen, seinen Weg und sein Ziel zu konzentrieren.

Ein stiller Kletterer

Viele Legenden ranken sich um den Nebelberg, dessen Spitze nur alle 40 Jahre für einen einzigen Tag sichtbar wird. Und obwohl es Generationen versucht hatten, war es niemandem je gelungen, die Spitze dieses Berges zu erklimmen. „Es ist unmöglich“, sagten die Alten, aber die Jungen mussten ihre eigenen Erfahrungen machen. Das war früher so und es ist heute so. Es war wieder soweit. „Die werden sich die Zähne ausbeißen!“ „Das schafft niemand!“ Keiner der zahlreichen Zuschauer glaubte, dass irgendjemand es schaffen könnte. Und so kam es, dass die ersten bereits vor dem Start aufgaben und sich beim Volksfest vergnügten (das auch nur alle 40 Jahre stattfindet).

Start! Eine Tausendschaft zog dem Fuße des Berges entgegen. Es kam wie von den vielen Zuschauern vorausgesehen: Viele Stunden später, aber nach kaum einem Drittel des Aufstiegs waren die meisten schon wieder umgekehrt. Bei der Hälfte waren sie zu einem kleinen Häufchen zusammengeschrumpft und schließlich waren es nur noch ganz wenige fest Entschlossene, aber auch die resignierten nach und nach: „Die Alten haben Recht! Was soll’s …“ Nur ein stiller Kletterer stieg unverdrossen weiter. Er wollte es den Alten offenbar beweisen. Er kletterte immer höher, stieg unbeirrbar dem Gipfel entgegen und schaffte es! Mit letzter Kraft und überglücklich stand er auf dem Gipfel! Sie können sich die Aufregung vorstellen! Da hat einer das Unmögliche geschafft! Wieder zurück umringten die Zuschauer ihn. Jeder wollte natürlich wissen, wie es ihm gelungen sei, den Gipfel zu besteigen. Das hörte der stille Gipfelstürmer aber nicht. Er war taub.

Impuls für die Praxis

Ich erinnere mich an das Geschäftsstellenteam einer Sparkasse. In der Besprechung der Mitarbeiter war eine intensiv geführte Diskussion entbrannt. Hintergrund: Der Marktbereichsleiter hat ein Konzept für eine intensivere Bindung von Kunden gefordert. Es waren nun innovative Ideen für die Ansprache von Kunden genauso gefragt wie kreative Impulse für die Gestaltung der Werbung in der Filiale. Es gab die *Träumer* bei den Mitarbeitern, die versuchten wirklich neue Wege zu entwickeln. Die *Kritiker* zerrissen alle, auch gute Ansätze in der Luft. Die Versuche der *Realisten* in der Runde, „Spreu und Weizen“ bei den Ideen zu trennen, waren zunächst zum Scheitern verurteilt. Ich habe die Diskussion mit der Geschichte unterbrochen. Die erste Phase der Besprechung war wichtig, um die Botschaft der Geschichte nicht nur zu hören, sondern nachempfinden zu können. Der Verlauf der Besprechung war danach deutlich konstruktiver.

1.2 Loslassen können

Loslassen können

Trennung gehört zu den Themen, die uns Menschen Mühe bereiten. Wer sich trennt, so die weit verbreitete Vorstellung, ist gescheitert, hat resigniert, gibt auf, kämpft nicht mehr. Doch diese Vogel-Strauß-Politik hilft uns im Alltag wenig, der ständig Trennungsaufgaben für uns bereithält. Wir müssen uns von Sachen trennen, von Überzeugungen, von Liebesbeziehungen und Freundschaften, von Gewohnheiten, von vertrauten Orten, von Sicherheiten, von Arbeitsplätzen, von Träumen und Plänen. Oft geht es auch darum, etwas zu lassen, nichts zu tun, eine kritische Bemerkung für sich zu behalten, einen Ärger nicht an einem Freund auszulassen, auf eine Aufgabe zu verzichten, weil man bereits überlastet ist. Und nicht selten besteht das Loslassen im Alltag darin, sich von belastenden Gedanken, Selbstzweifeln und Grübeleien zu befreien.

Trägst du sie immer noch?

Zwei Mönche, Tansan und Ekido, waren auf Wanderschaft. Sie erreichten einen Fluss, den sie überqueren mussten. Am Ufer stand ein schönes, junges Mädchen. Es wollte auch über den Fluss, doch es hatte sichtlich Angst davor. Ekido tat so, als nehme er das Mädchen gar nicht wahr. Denn die Mönchsregeln verboten Kontakte mit dem anderen Geschlecht. Tansan aber nahm das Mädchen wortlos auf seine Arme und trug es über den Fluss. Lange Zeit gingen die beiden Mönche danach stumm nebeneinander her. Doch irgendwann hielt Ekido das Schweigen nicht mehr aus. „Was hast du getan!“, griff er Tansan an. „Du hast gegen die Regeln verstoßen. Du hast das Mädchen berührt!“ Tansan ließ sich nicht provozieren. Ganz ruhig sagte er: „Ich habe das Mädchen am Flussufer zurückgelassen. Trägst du sie immer noch?“

Impuls für die Praxis

„Das bittersüße Glück des Loslassens“ lautete die Überschrift eines Artikels der Zeitschrift *Psychologie heute*. Die Geschichte eignet sich als Impuls, wenn in einer Teambesprechung das Akzeptieren einer gravierenden Veränderung im Arbeitsablauf schwer fällt, „lang und breit" diskutiert wird. Im Rahmen der Outplacement-Beratung kam sie auch schon zum Einsatz, wenn es dem Gesprächspartner unmöglich erscheint, das Ende der Mitarbeit im Unternehmen zu akzeptieren.

1.3 Nimm dich, wie du bist und werde, der du werden kannst

Nimm dich, wie du bist und werde, der du werden kannst.

Menschen entdecken bei anderen, was sie selbst gerne hätten. Der Vergleich ist Quelle für Unzufriedenheit und Neid. Wenn Sie glücklich sein wollen, verzichten Sie auf Vergleiche und entdecken die Vorzüge bei sich. Nehmen Sie sich selbst an, Sie haben keinen anderen. Darin liegt der Ursprung des Glücks.

Die Streifen des Zebras

Es war einmal ein Zebra, das sich seiner schwarzen Streifen sehr schämte und es vorgezogen hätte, sogar ein Pferd zu sein. Als das Zebra eines Tages ein Pferd in vollem Glanze seines blonden Felles vorbeigehen sah, fing es an zu weinen und weinte einen Tag und eine Nacht lang. Das Zebra fühlte sich sehr traurig und obwohl es eigentlich immer störrisch und unnahbar gewesen war, fing es nun an, mit anderen Tieren zu sprechen. Alle Tiere verstanden ein wenig zebräisch.

Es entdeckte, dass das Nilpferd wegen seiner quadratischen Schnauze unzufrieden war. Und dass der Kranich lieber keine so dünnen Beine gehabt hätte – weswegen er, sooft er es konnte, eines davon unter den Flügeln versteckte. Dass der Adler die Nachtigall um ihre Stimme beneidete, dass der Leopard den ganzen Tag damit verbrachte, die Flecken von seinem gewaltigen Fell wegzulecken. Und dass die Schlangen voller Komplexe waren, weil sie keine Beine hatten, und dass der Elefant sich ärgerte, einen Schwanz anstelle einer Nase zu haben. Kurz und gut, es gab kein Tier, das mit sich selbst zufrieden gewesen wäre. Unser Zebra aber legte sich abends hin und betete inbrünstig zu seinem Zebra-Gott: „Lass mich doch schwarz sein, einfach schwarz."

Am anderen Tag ging es zu einem kleinen See, der klar und spiegelglatt in der Morgensonne lag und in dem sich unser Zebra lange und gründlich betrachten konnte. Was es da sah, gefiel ihm außerordentlich. Es war endlich ein schwarzes Zebra – mit einigen schönen weißen Streifen. Ganz glücklich kehrte es zu seiner Herde zurück und strahlte über das ganze Zebra. Alle konnten spüren, dass aus diesem gewöhnlichen Zebra etwas ganz Besonderes geworden war.

Impuls für die Praxis

Geschichten sind eine Möglichkeit, Menschen im Innersten zu berühren und den Impuls für die persönliche Entwicklung zu geben. Ein verantwortungsbewusst arbeitender Berater wird die Wirkung seiner Vorgehensweise, also auch die von Geschichten, immer wieder reflektieren. Aus Gesprächen nach Vorträgen und ebenso nach der persönlichen Beratung erhielt ich viel positive Bestätigung. Diese Geschichte vermittelt Menschen die Erkenntnis, dass jeder einzelne ein „Unikat“ ist. Viele vergessen das im Alltag. Wir nehmen außerdem an, dass wir die einzigen sind, die mit dem Aussehen, den Talenten, der Qualifikation oder den finanziellen Möglichkeiten unzufrieden sind.

1.4 Theorie und Praxis

Theorie und Praxis

Es braucht manchmal besondere Einschnitte in unserem Leben, um sich damit zu beschäftigen, was uns wirklich wichtig ist. Natürlich gibt es Menschen, die erreichen, was für sie von Bedeutung ist. Das setzt voraus, dass sie wissen, was sie anstreben wollen. Viele Menschen haben davon eine meist nur vage, theoretische Vorstellung und vieles bleibt lange unverbindlich, weil noch viel Lebenszeit zur Verfügung steht.

„Was würden Sie tun, wenn Sie nur noch ein Jahr zu leben hätten?"

„Was würden Sie tun, wenn Sie nur noch ein Jahr zu leben hätten?" Diese Frage haben zwei Psychologinnen 350 Personen im Alter von 30 bis 80 Jahren gestellt. Die Antworten darauf waren ziemlich einheitlich: Zwei Drittel der Befragten sagten, sie wollten mehr Zeit mit Menschen verbringen, die ihnen lieb sind. Sie würden ihr Leben ordnen, Konflikte beilegen, den Liebsten zeigen, wie gern sie sie haben. Drei Viertel der Befragten wollten endlich Dinge tun, die sie lange hinausgeschoben hatten: Ein Konzert besuchen, eine Sportart beginnen oder die klassische große Reise machen. Ein kleiner Prozentsatz, vor allem Jüngere, würde es so richtig krachen lassen, die Schule schmeißen, Party machen, Geld auf den Kopf hauen oder etwas tun, was man sich bisher verboten hatte.

Diese Gedanken kommen einem vielleicht bekannt vor. Was aber tun die Menschen, die tatsächlich nur noch ein Jahr zu leben haben? Davon berichten Mitarbeiter in Sterbehospizen. Und das sieht ganz anders aus als die Vorstellungen von Menschen, die nicht wirklich vom Tod bedroht sind. Menschen, die tatsächlich nicht mehr lange zu leben haben, reagieren so unterschiedlich darauf, wie sie eben unterschiedlich sind: Die einen wollen ganz alltägliche, scheinbar banale Dinge tun: Die Sonne auf der Haut spüren, über den Markt schlendern oder Blumen riechen. Andere wollen gar nichts mehr, nichts klären, nichts abschließen, nichts bekommen, nichts mehr erleben. Und manche können gar nichts mehr tun, wegen ihrer Schmerzen. Was aber allen Todkranken gemeinsam ist: Sie werden authentischer, geradliniger, kümmern sich nicht mehr um Konventionen. Es geht ihnen weniger ums Machen und mehr ums Sein. Weniger ums Wünschen und mehr ums Weglassen. Sie grübeln nicht mehr so viel, planen und sorgen sich weniger. Der Moment zählt. Alles wunderbare Verhaltensweisen. Aber was sind wir Menschen doch für eigenartige Wesen, dass wir es oft erst schaffen so zu leben, wenn wir sterben müssen.

Impuls für die Praxis

„Was würden Sie tun, wenn Sie nur noch ein Jahr zu leben hätten?“ Zugegeben, eine besondere Fragestellung. Vielen Menschen ist es unangenehm, sich dieser Frage zu stellen, über Antworten nachzudenken. In der Beratung von Menschen gibt es Situationen, in denen auch solche Überlegungen erörtert werden. Allerdings zählt dieser Text nicht zu den oft verwendeten. Die Frage war als Impuls hilfreich bei Menschen auf dem Weg zum Burn-out, bei Menschen, die glaubten keine Ziele, keine Motivation mehr zu haben. Die Antwort auf die Frage ist nur oberflächlich betrachtet einfach. Wer bereit ist einzutauchen, entdeckt den wahren Reichtum.

1.5 Seine Träume leben

Seine Träume leben

Nicht alle Träume erfüllen sich – auch das hat seinen Sinn. Es lassen sich allerdings mehr Träume realisieren, als wir uns das manchmal vorstellen können.

Auf der richtigen Seite des Zaunes

Der Junge, er mag 10 oder 11 Jahre alt sein, ist wie immer am Freitag, wenn er nachmittags keine Schule hat, mit seinem Fahrrad in den Nachbarort unterwegs. Er kennt die Strecke schon auswendig, würde sie im Schlaf finden, weil er sie schon so oft geradelt ist. Seine Eltern sehen es nicht gerne, wenn er die 15 Kilometer alleine mit dem Rad fährt. Er hat ihnen aber klar gemacht, dass er sich nicht aufhalten lassen wird und manchmal fährt ja auch ein Freund mit. Und dann endlich liegen die letzten Meter hinter ihm. Er lässt das Fahrrad auf den Boden fallen und steht wieder am Zaun. Vor ihm liegt ein großes weites Feld, er ist an seinem Lieblingsplatz angekommen, am Flugplatz. Er krallt seine Finger in die Zaunmaschen und betrachtet mit klopfendem Herzen die vier Maschinen, die in unmittelbarer Nähe vor dem Zaun abgestellt sind. Heute hat er großes Glück, auf dem Flugplatz ist vor dem Wochenende einiges los. Eine Piper ist unterwegs zum Rollhalt. Er hört das gedämpfte Motorgeräusch aus der Ferne. Dass heute „die 26“ genutzt wird, hat er schon mit geübtem Blick gesehen, als auf den letzten Metern seiner Fahrt endlich der Turm mit der großen Anzeigetafel in Sichtweite kam. Dann, nach einem Moment scheinbarer Ruhe, ist es endlich soweit. Er hört am lauten Motorgeräusch, dass der Pilot Gas gibt und schon rollt sie zunächst langsam, dann immer schneller werdend in sein Blickfeld. Das Bugrad hat schon abgehoben und nun beginnt die ganze Maschine zu schweben und zieht im gemächlichen Steigflug an ihm vorbei in den Himmel.

Heute hat er wirklich Glück. Unmittelbar vor ihm, auf der anderen Seite des Zaunes, wird eine der parkenden Maschinen für den Start vorbereitet. Der Pilot kontrolliert Kühlwasser und Motoröl. Die freie Beweglichkeit von Querruder und Seitenruder wird überprüft und ebenso das Profil der Reifen. Der Pilot setzt sich auf den linken Sitz in der Maschine, schließt die Tür. Nachdem er sich den Kopfhörer aufgesetzt hat, startet er das Triebwerk der Maschine. Staub und Gras werden vom Luftdruck des Propellers hinter dem Flugzeug aufgewirbelt und er steht mittendrin und genießt es ... und träumt davon, auch einmal auf der anderen Seite des Zaunes zu sein und davonfliegen zu können.

Impuls für die Praxis

Wenn wir tun, was wir gerne tun, was wir mit Begeisterung tun, dann werden wir erfolgreich sein. Ich frage im persönlichen Interview eines Auswahlverfahrens ab und zu Bewerber, ob sie „auf der richtigen Seite des Zaunes" sind. Zugegeben, manchmal löse ich mit der Geschichte Überraschung aus. Oft sprechen wir dann im Bewerbungsgespräch allerdings über die wichtigen Motive und Vorstellungen, fern jeder taktischen Überlegung.

1.6 Vorbild sein

Vorbild sein bedeutet, das Selbstverständliche zu tun. Mehr nicht, und das ist manchen Menschen schon zuviel.

Vorbild sein

Alles, was ich wirklich über mein Leben, über die Art, wie ich es führen und was ich tun und wie ich sein soll, wissen muss, habe ich schon als Kind gelernt. Dem Sandkasten im Kindergarten habe ich all meine Weisheit zu verdanken. Dort habe ich Folgendes gelernt:

Alles, was Du wirklich wissen musst, hast Du schon als Kind gelernt.

- Teile alles mit den anderen.
- Sei fair.
- Schlage niemanden.
- Lege die Dinge immer dorthin zurück, wo du sie gefunden hast.
- Räume deine Sachen auf, wenn du sie in Unordnung gebracht hast.
- Nimm nichts, was dir nicht gehört.
- Entschuldige dich, wenn du jemandem wehgetan hast.
- Wasch dir vor dem Essen die Hände.
- Wenn du auf der Toilette gewesen bist, betätige die Spülung und wasch deine Hände.
- Warme Plätzchen und kalte Milch sind bekömmlich.
- Führe ein ausgewogenes Leben – lerne etwas und denke nach, aber zeichne auch jeden Tag ein wenig und male, singe, tanze, spiele und arbeite.
- Halte jeden Nachmittag ein Nickerchen.
- Wenn du auf die Straße gehst, achte auf den Verkehr, und wenn ihr zu mehreren unterwegs seid, fasst euch bei den Händen und bleibt zusammen.
- Achte auf die Wunder, die dich umgeben. Vergiss nicht das kleine Samenkorn im Blumentopf: Die Wurzeln gehen

hinunter und die Pflanze wächst nach oben – und niemand weiß wirklich, wie oder warum das so ist, aber wir alle sind wie das Samenkorn.

- Goldfische, Hamster und weiße Mäuse – sie alle sterben. Das tun wir auch.
- Und dann erinnere dich an deine Bilderbücher aus jenen Tagen und an das erste Wort, das du gelernt hast, das allerwichtigste Wort: SCHAU!

Impuls für die Praxis

Diesen Impuls aus dem Buch von Robert Fulghum lese ich manchmal zum Abschluss eines Teamworkshops vor. Sehr oft wurde in den zurückliegenden Stunden konstruktiv und mit ehrlicher Absicht an den Themen gearbeitet. Das Selbstverständliche wäre nun, die Vereinbarungen wie besprochen in der Praxis umzusetzen. Die Geschichte soll zum Nachdenken anregen und den Transfer unterstützen. Die Geschichte hat Wirkung, stelle ich fest, denn immer wieder fragen Teilnehmer nach dem Buch, um es für sich selbst zu kaufen.

1.7 Manchmal ist es einfach

Manchmal ist es einfach

Am Arbeitsplatz gibt es Probleme mit dem Chef und den Kollegen, die Aufgaben stapeln sich, Projekte warten darauf, realisiert zu werden. Betroffene fühlen sich wie der Hamster im Rad.

Die Welt in Ordnung bringen

Robert hatte einen dringenden Auftrag zu erledigen und musste dazu noch einmal ins Büro. Seine kleine Tochter Nadine konnte er nicht alleine zu Hause lassen, also nahm er sie mit. Nadine mochte Papas Büro, weil da so viele interessante Dinge herumstanden. Robert musste sich eine Beschäftigung für Nadine einfallen lassen, die seinen Vorstellungen von pädagogisch sinnvoller Frühförderung entsprach und sie vor allen Dingen die nächste Stunde in Anspruch nehmen würde.

In einer Zeitschrift fand er eine besonders schöne Aufnahme der Erdkugel. Die schnitt er in viele kleine Teile, legte diese auf ein Tablett, mischte sie gut durch und überreichte Nadine das Puzzle.

Nadine zog sich zufrieden ins Nachbarbüro zurück – und kaum zehn Minuten später stand sie stolz vor Robert mitsamt der fehlerlos zusammengesetzten Abbildung der Erde. Auf Roberts erstaunten Blick erwiderte sie strahlend: „Weißt du Papa, auf der Rückseite war ein Mensch drauf. Der war leichter. Da habe ich den Menschen zusammengesetzt. Und als der Mensch in Ordnung war, war auch die Welt in Ordnung."

Impuls für die Praxis

Die Beratung mit einem Menschen in einer Krise, ob nun beruflich oder persönlich, beginne ich oft mit dieser Geschichte. „Ja, wenn es so einfach wäre!" So einfach ist es, wenn wir mit dem Menschen beginnen zu arbeiten, der all diese Ereignisse mehr oder weniger selbst ausgelöst oder zumindest begünstigt hat. Gegen diese Art von Selbstverantwortung sind allerdings die meisten zunächst ablehnend eingestellt. Ich will erreichen, dass niedergeschlagene Menschen, dieses Bild vom Menschen und der Welt mitnehmen. Die meisten lächeln, zumindest ein bisschen. „Ja, wenn es so einfach wäre!" Dieses Lächeln auf dem Gesicht eines Menschen signalisiert den berühmten Silberstreifen am Horizont. „Mit welchem Puzzleteil beginnen wir nun, um Ihre Welt wieder in Ordnung zu bringen? Lassen Sie uns alle Teile suchen, sortieren und dann entwickeln wir gemeinsam einen Plan, wie alles zusammenpassen könnte."

1.8 Hoffnung bewahren

Hoffnung bewahren

Es gibt Situationen im Leben, da sehen wir keinen Ausweg mehr. Es macht sich das Gefühl breit: Das Licht am Ende des Tunnels kommt vom heranfahrenden Zug.

Das Märchen von der traurigen Traurigkeit

Es war einmal eine kleine Frau, die einen staubigen Feldweg entlanglief. Sie war offenbar schon sehr alt, doch ihr Gang war leicht, und ihr Lächeln hatte den frischen Glanz eines unbekümmerten Mädchens. Bei einer zusammengekauerten Gestalt, die am Wegesrand saß, blieb sie stehen und sah hinunter. Das Wesen, das da im Staub des Weges saß, schien fast körperlos. Es erinnerte an eine graue Decke mit menschlichen Konturen.

Die kleine Frau beugte sich zu der Gestalt hinunter und fragte: „Wer bist du?“ Zwei fast leblose Augen blickten müde auf. „Ich? Ich bin die Traurigkeit“, flüsterte die Stimme stockend und so leise, dass sie kaum zu hören war. „Ach die Traurigkeit!“, rief die kleine Frau erfreut aus, als würde sie eine alte Bekannte begrüßen.

„Du kennst mich?“, fragte die Traurigkeit misstrauisch. „Natürlich kenne ich dich! Immer wieder einmal hast du mich ein Stück des Weges begleitet.“ „Ja aber ...“, argwöhnte die Traurigkeit, „warum flüchtest du dann nicht vor mir? Hast du denn keine Angst?“ „Warum sollte ich vor dir davonlaufen, meine Liebe? Du weißt doch selbst nur zu gut, dass du jeden Flüchtigen einholst. Aber, was ich dich fragen will: Warum siehst du so mutlos aus?“

„Ich ... ich bin traurig“, sagte die graue Gestalt. Die kleine, alte Frau setzte sich zu ihr. „Traurig bist du also“, sagte sie und nickte verständnisvoll mit dem Kopf. „Erzähl mir doch, was dich so bedrückt.“ Die Traurigkeit seufzte tief. „Ach, weißt du“, begann sie zögernd und auch verwundert darüber, dass ihr tatsächlich jemand zuhören wollte, „es ist so, dass mich einfach niemand mag. Es ist nun mal meine Bestimmung, unter die Menschen zu gehen und für eine gewisse Zeit bei ihnen zu verweilen. Aber wenn ich zu ihnen komme, schrecken sie zurück. Sie fürchten sich vor mir und meiden mich wie die Pest." Die Traurigkeit schluckte schwer. „Sie haben Sätze erfunden, mit denen sie mich bannen wollen. Sie sagen: ‚Papperlapapp, das Leben ist heiter!' und ihr falsches Lachen führt zu Magenkrämpfen und Atemnot. Sie sagen: ‚Gelobt sei, was hart macht!' und dann bekommen sie Herzschmerzen. Sie sagen: ‚Man muss sich nur zusammenreißen!' und sie spüren das Reißen in den Schultern und im Rücken. Sie sagen: ‚Nur Schwächlinge weinen!' und die aufgestauten Tränen sprengen fast ihre Köpfe. Oder aber sie betäuben sich mit Alkohol und Drogen, damit sie mich nicht fühlen müssen." „Oh ja", bestätigte die alte Frau, „solche Menschen sind mir auch schon oft begegnet." Die Traurigkeit sank noch ein wenig mehr in sich zusammen. „Und dabei will ich den Menschen doch nur helfen. Wenn ich ganz nah bei ihnen bin, können sie sich selbst begegnen. Ich helfe ihnen, ein Nest zu bauen, um ihre Wunden zu pflegen. Wer traurig ist, hat eine besonders dünne Haut. Manches Leid bricht wieder auf wie eine schlecht verheilte Wunde und das tut sehr weh. Aber nur, wer die Trauer zulässt und all die ungeweinten Tränen weint, kann seine Wunden wirklich heilen. Doch die Menschen wollen gar nicht, dass ich ihnen dabei helfe. Stattdessen schminken sie sich ein grelles Lachen über ihre Narben. Oder sie legen sich einen dicken Panzer aus Bitterkeit zu." Die Traurigkeit schwieg. Ihr Weinen war erst schwach, dann stärker und schließlich ganz verzweifelt. Die kleine, alte Frau nahm die zusammengesunkene Gestalt tröstend in ihre Arme. Wie weich und sanft sie sich anfühlt, dachte sie und streichelte zärtlich das zitternde Bündel. „Weine nur, Traurigkeit", flüsterte sie liebevoll, „ruh dich aus, damit du wieder Kraft sammeln kannst. Du sollst von nun an nicht mehr alleine wandern. Ich werde dich begleiten, damit die Mutlosigkeit nicht noch mehr Macht gewinnt."

Die Traurigkeit hörte auf zu weinen. Sie richtete sich auf und betrachtete erstaunt ihre neue Gefährtin: „Aber ... aber, wer bist du eigentlich?" „Ich?" sagte die kleine, alte Frau schmunzelnd. „Ich bin die Hoffnung."

Impuls für die Praxis

Im Coachinggespräch können sehr schwerwiegende Themen zur Sprache kommen. Diese Geschichte setze ich nicht sehr häufig ein. Nach meiner Erfahrung hat sie da Sinn, wo Menschen erfahren sollen, dass Traurigkeit, zum Beispiel über den Verlust eines Menschen, in Ordnung ist. Wir haben allerdings auch die Wahl, uns dann irgendwann der Hoffnung zuzuwenden.

1.9 Entscheidungen treffen

Entscheidungen treffen

Entscheiden heißt verzichten! Und die Menschen verzichten ungern – dieses „Festhalten" führt zu Entscheidungsunwilligkeit, nicht selten sogar zu Entscheidungsunfähigkeit. Bei der Vielzahl der Optionen, die eine so schnelllebige Zeit mit sich bringt, ist der Mensch häufig überfordert, seine Entscheidung zu treffen, seinen Weg zu finden. Wer sich selbst nicht entscheidet, für den wird entschieden.

Viele Menschen wissen nicht, was sie sich wünschen sollen, sie wünschen sich alles und bekommen nichts. Was immer sich einer wünscht, das schenken ihm die Götter – aber der Mensch muss schon wissen, was er will.

Die Wünsche des Bauern

Es war einmal ein armer chinesischer Reisbauer, der trotz all seines Fleißes in seinem Leben nicht vorwärts kam. Eines Abends begegnete ihm der Mondhase, von dem jedes Kind weiß, dass er den Menschen jeden Wunsch erfüllen kann. „Ich bin gekommen", sagte der Mondhase, „um dir zu helfen. Ich werde dich auf den Wunschberg bringen, wo du dir aussuchen kannst, was immer du willst."

Und ehe er sich versah, fand sich der Reisbauer vor einem prächtigen Tor wieder. Über dem Tor stand geschrieben: „Jeder Wunsch wird Wirklichkeit." Schön, dachte der Bauer und rieb sich die Hände, mein armseliges Leben hat nun endlich ein Ende. Erwartungsvoll trat er durch das Tor. Ein weißhaariger, alter Mann stand am Tor und begrüßte den Bauern mit den Worten: „Was immer du dir wünschst, wird sich erfüllen. Aber zuerst musst du ja wissen, was man sich überhaupt alles wünschen kann. Daher folge mir!"

Der alte Mann führte den Bauern durch mehrere Säle, einer schöner als der andere. „Hier“, sprach der Weise, „im ersten Saal siehst du das Schwert des Ruhmes. Wer sich das wünscht, wird ein gewaltiger General; er eilt von Sieg zu Sieg und sein Name wird auch noch in den fernsten Zeiten genannt. Willst du das?“ „Nicht schlecht“, dachte sich der Bauer, „Ruhm ist eine schöne Sache und ich möchte zu gerne die Gesichter der Leute im Dorf sehen, wenn ich General werden würde. Aber ich will es mir noch einmal überlegen.“ Also sagte er: „Gehen wir erst einmal weiter.“ „Gut, gehen wir weiter“, sagte lächelnd der Weise.

Im zweiten Saal zeigte er dem Bauern das Buch der Weisheit. „Wer sich das wünscht, dem werden alle Geheimnisse des Himmels und der Erde offenbar.“ Der Bauer meinte: „Ich habe mir schon immer gewünscht, viel zu wissen. Das wäre vielleicht das Rechte. Aber ich will es mir noch einmal überlegen.“

Im dritten Saal befand sich ein Kästchen aus purem Gold. „Das ist die Truhe des Reichtums. Wer sich die wünscht, dem fliegt das Gold zu, ob er nun arbeitet oder nicht.“ „Ha!“, lachte der Bauer, „das wird das Richtige sein. Wer reich ist, der ist der glücklichste Mensch der Welt. Aber Moment – Glück und Reichtum sind ja zwei verschiedene Dinge. Ich weiß nicht recht. Gehen wir noch weiter.“ Und so ging der Bauer von Saal zu Saal, ohne sich für etwas zu entscheiden. Als sie den letzten Saal gesehen hatten, sagte der alte Mann zum Bauern: „Nun wähle. Was immer du dir wünschst, wird erfüllt werden!“ „Du musst mir noch ein wenig Zeit lassen“, sagte der Bauer, „ich muss mir die Sache noch etwas überlegen.“ In diesem Augenblick aber ging das Tor hinter ihm zu und der Weise war verschwunden. Der Bauer fand sich zu Hause wieder. Der Mondhase saß wieder vor ihm und sprach: „Armer Bauer, wie du sind die meisten Menschen.“

Impuls für die Praxis

Der Kunde im Beratungsgespräch will ausschließlich perfekte Entscheidungen treffen. Perfekt bedeutet für ihn, dass sie ihm ein optimales Ergebnis bringen und er in Zukunft nie den Gedanken haben will: „Das hätte ich anders machen sollen." Vielleicht kennen Sie solche Menschen auch, möglicherweise in Ihrem persönlichen Umfeld oder im Arbeitsteam. Als ich ihm die Geschichte vorgelesen hatte, fühlte er sich verstanden. In einem zweiten Schritt haben wir uns über seine Ziele und die Zielkonflikte unterhalten. Dann war es natürlich wichtig, eine Ebene „tiefer" zu steigen, seine Überzeugungen zu betrachten und die Folgen für sein Verhalten zu beleuchten. Der Schlüssel für eine konstruktive Zusammenarbeit war der Einstieg mit der Geschichte. Wenn es in der Beratung nicht mehr weiterging, haben wir uns schmunzelnd gefragt: „In welchem Saal sind wir denn nun gerade?"

1.10 Mit Freude mehr erreichen

Mit Freude mehr erreichen

Viele Menschen glauben, Erfolg ist nur machbar durch harte Arbeit, Schweiß und Entbehrung. Die wichtigste Antriebsfeder für den Erfolg wird häufig vergessen: Es ist die Freude. Die Freude an sich selbst, an seinen Mitmenschen, an seiner eigenen Arbeit.

Sozusagen grundlos vergnügt

Ich freu mich, daß am Himmel Wolken ziehen
Und daß es regnet, hagelt, friert und schneit.
Ich freu mich auch zur grünen Jahreszeit,
Wenn Heckenrosen und Holunder blühen.
Daß Amseln flöten und dass Immen summen,
Daß Mücken stechen und daß Brummer brummen.
Daß rote Luftballons ins Blaue steigen.
Daß Spatzen schwatzen. Und daß Fische schweigen.

Ich freu mich, daß der Mond am Himmel steht
Und daß die Sonne täglich neu aufgeht.
Daß Herbst dem Sommer folgt und Lenz dem Winter,
Gefällt mir wohl. Da steckt ein Sinn dahinter,
Wenn auch die Neunmalklugen ihn nicht sehn.
Man kann nicht alles mit dem Kopf verstehn!
Ich freue mich. Das ist des Lebens Sinn.
Ich freue mich vor allem, daß ich bin.

In mir ist alles aufgeräumt und heiter:
Die Diele blitzt. Das Feuer ist geschürt.
An solchem Tag erklettert man die Leiter,
Die von der Erde in den Himmel führt.
Da kann der Mensch, wie es ihm vorgeschrieben,
– Weil er sich selber liebt – den Nächsten lieben.
Ich freue mich, daß ich mich an das Schöne

Und an das Wunder niemals ganz gewöhne.
Daß alles so erstaunlich bleibt, und neu!
Ich freu mich, daß ich … Daß ich mich freu.

Impuls für die Praxis

Die jüdische Dichterin Mascha Kaléko bringt es mit ihrem Gedicht wunderbar auf den Punkt, um was es im Leben „eigentlich" geht. Dieses Gedicht, zum Abschluss eines Workshops oder Vortrages relativiert die oft verbreitete negative Sichtweise und stimmt die Teilnehmer oder Mitarbeiter positiv nachdenklich und wirkt motivierend.

2 Wachrütteln

2.1 Verantwortung für sich übernehmen

Verantwortung für sich übernehmen

Ich bin halt nun mal so … Menschen fühlen sich oft als Opfer der äußeren Umstände, sehen selbst keine oder wenig Handlungsmöglichkeit. Allerdings: Wer Verantwortung für sich übernimmt, hat auch Gestaltungsmöglichkeiten.

Kampf der Wölfe

Die Sonne war schon lange untergegangen und unter den vielen Indianern sitzt auch der alte Indianer mit einem jungen Krieger am Lagerfeuer. Sie beobachten die knisternde Glut und die lodernden Flammen. „Manchmal", sagt der alte Mann nach einer Weile, „manchmal fühle ich mich, als würden zwei Wölfe in meiner Brust miteinander kämpfen." Er schaut dem Jüngling tief in die Augen. „Der eine ist rachsüchtig, aggressiv und will alles zerstören. Der andere nimmt Anteil am Leben anderer Menschen, ist warmherzig und liebevoll." Der Junge sitzt eine ganze Weile schweigend da. „Welcher der beiden Wölfe gewinnt den Kampf?", will er wissen. „Der Wolf," der alte Indianer machte wieder eine längere Pause, „der Wolf, dem ich Futter gebe."

Impuls für die Praxis

Im Coaching sprechen manche Klienten vom „inneren Schweinehund". Er macht es schwer, Vereinbarungen, gute Vorsätze und damit persönliche Entwicklung zu realisieren. Da biete ich dann nicht nur einen „Hund", sondern sogar einen „Wolf" in meiner Geschichte an. Entscheidend ist, Verantwortung für sich und sein Handeln zu übernehmen. Das ist unangenehm, zumindest immer wieder unbequem und auf jeden Fall anstrengend.

Übrigens: Ich persönlich bin davon überzeugt, dass es in uns keinen „Schweinehund" gibt. Es sind unsere Einstellungen und

Überzeugungen, die uns handeln oder nicht handeln lassen. Und alles hat seinen Grund. Wenn wir diese dem Bewusstsein oft verborgenen Motive erkennen, sind wir in der Lage uns tatsächlich persönlich weiterzuentwickeln.

2.2 Kenner oder Könner

Kenner oder Könner?

Ein Erfolgscoach kommt in einem seiner Vorträge auf einen wichtigen Punkt: Kennen oder können? Wir entscheiden, ob wir das, was wir wissen, gelernt und verstanden haben, dann auch ins Leben einbringen. In diesem Fall sind wir dann nicht nur „Kenner“, sondern „Könner“.

Es liegt in deiner Hand

Im Morgenland lebte ein weit über die Grenzen hinaus bekannter Weiser. Eines Tages bekam dieser Weise Besuch von zwei jungen Männern. Sie fragten ihn: „Sag uns doch, weiser Mann, wie wird man eigentlich weise?“ „Weise wird man, indem man nachdenkt“, antwortete der alte Mann. „Nun, da erzählst du uns aber nichts Neues. Das wissen wir schon“, entgegneten die jungen Männer etwas verwundert. „Das glaube ich schon. Nur, ihr wisst es, und ich tue es.“

Etwas verärgert zogen die beiden davon. Sie fühlten sich von dem greisen Mann „vorgeführt“. Sie überlegten, wie sie ihn mit einer geschickten Frage überlisten könnten.

„Ich habe es“, rief plötzlich einer der beiden laut. „Wir fangen einen kleinen Vogel. Ich verberge ihn in meiner Hand und halte diese auf den Rücken. Dann gehen wir zu dem Weisen und fragen ihn, ob das tot oder lebendig ist, was ich in meiner Hand halte. Sagt er, es sei tot, dann öffne ich meine Hand und der kleine Vogel fliegt davon. Sagt er aber, es sei lebendig, dann drücke ich kurz und heftig zu, öffne meine Hand und der tote Vogel fällt zu Boden. Egal, wie seine Antwort auch lautet – er wird immer Unrecht haben!“

Den beiden gefiel die Idee ausgesprochen gut. Sofort setzten sie diese in die Tat um. Sie kamen also mit dem Vogel in der

Hand zum Weisen und fragten: „Sag uns, weiser Mann, ist das tot oder lebendig, was ich in meiner Hand halte? Der Weise dachte eine Weile nach und sagte dann: „Ob tot oder lebendig, das liegt ganz in deiner Hand!“

Impuls für die Praxis

Ich erzähle diese Geschichte gerne zum Abschluss eines Seminars oder einer persönlichen Beratung – dann, wenn im Grunde alles gesagt ist. Ab diesem Zeitpunkt entscheiden die Teilnehmer oder Gesprächspartner, ob die erarbeiteten Erkenntnisse tote Materie oder lebendiger Teil des Lebens werden.

2.3 Mit Niederlagen umgehen

„Es gibt mehr Leute, die kapitulieren,
als solche, die scheitern."
Henry Ford

Mit Niederlagen umgehen

In der Praxis leichter gesagt als getan. Menschen haben eine unterschiedliche Motivation, Frustrationstoleranz oder Initiativkraft. Mit Niederlagen umzugehen, fällt Menschen deshalb unterschiedlich leicht. Wer erfolgreich sein will, wird unabhängig von den Ausgangsvoraussetzungen, nicht umhin kommen, sich entsprechende „Nehmerqualitäten" anzueignen.

Eine besondere Karriere

In Amerika musste ein Mann innerhalb von 27 Jahren folgende Schicksalsschläge und Niederlagen einstecken:

1831 machte er mit seinem Geschäft Bankrott.
1832 kandidierte er für den Senat, wurde aber nicht gewählt.
1834 machte er als Geschäftsmann ein weiteres Mal Pleite.
1835 starb die Frau, die er über alles liebte.
1836 erlitt er in der Folge einen Nervenzusammenbruch.
1838 musste er eine weitere Wahlkampfniederlage einstecken.
1843 bewarb er sich erfolglos für den Kongress.
1846 kandidierte er erneut vergeblich für den Kongress.
1848 schlug auch eine dritte Kongresskandidatur fehl.
1855 bewarb er sich ein zweites Mal für den Senat und verlor.
1856 kandidierte er vergeblich für das Amt des Vizepräsidenten.
1858 wurde er auch bei seinem dritten Versuch nicht in den Senat gewählt.

Wie viele Leute hätten so lange weitergemacht? Vor allem: Wer hätte sich nach all diesen Misserfolgen noch nicht geschlagen

gegeben? Aber: Der Erfolg liegt immer nur einen Schritt jenseits der Niederlage.
Im Jahr 1860 wurde er zum Präsidenten der USA gewählt und war einer der herausragenden Staatsmänner der amerikanischen Geschichte: Abraham Lincoln.

Impuls für die Praxis

Die Fähigkeit, anspruchsvolle Ziele zu erreichen, wird bewundert. Insbesondere dann, wenn der Weg zum Ziel mit Schwierigkeiten und Rückschlägen verbunden ist. Der Weg zum Ziel kann steinig und entbehrungsreich sein. Tatsache ist: Erfolgreiche Menschen werden oft erst dann wahrgenommen, wenn sie bereits erfolgreich sind.

Die Geschichte hat sich als Mutmacher bewährt, wenn Verkäufer zum Beispiel bei der Neukundenakquisition oder der Intensivierung bestehender Kundenverbindungen frustriert aufgeben wollten. Natürlich bewirkt nicht alleine das Beispiel von Abraham Lincoln eine Trendwende zu neuer Energie. Es ist das Frustablassen, das Gespräch über mögliche Verhaltensfehler in der Vorgehensweise beim Gesprächspartner. Der Einstieg über die Geschichte bringt das Thema allerdings von Beginn an auf den Punkt.

Übrigens: In den ersten zwei Lebensjahren hatten wir alle diesen nahezu unbesiegbaren Glauben an uns. Ein paar hundert Mal haben wir das Aufstehen und Laufen geübt, waren nicht zu entmutigen und es ist uns gelungen oder krabbeln Sie noch auf allen Vieren durchs Leben?

2.4 Zeit für das Wesentliche

Zeit für das Wesentliche

Wenn es zu spät ist, bereuen wir die verpassten Gelegenheiten. Es sind selten die großen Dinge, meist sind es scheinbar banale Themen des Alltags.

Manchmal wünsch ich mir

Bernd ist seit 2 Jahren Partner in einer großen Sozietät von Steuerberatern und Wirtschaftsprüfern. Er will das Vertrauen, das von den älteren Partnern in ihn gesetzt wurde, rechtfertigen und engagiert sich beruflich sehr. Einmal im Jahr – das lässt er sich nicht nehmen – machen er und sein Sohn Tom einen Männer-Abenteuer-Urlaub. In diesem Jahr sind sie in die Dolomiten gefahren und wohnen in einer kleinen Privatpension bei einer Familie. Das Haus ist nicht mal halb so groß wie die Villa, in der Bernds Familie wohnt.

Die wenigen Tage sind schnell vorbei. Auf der Rückfahrt unterhält sich Bernd mit seinem Sohn über das einfache Leben der Leute, bei denen sie waren. „Na, du hast nun gesehen, was es bedeutet, arm zu sein und fast nichts zu besitzen?“ „Ja, Papa, das habe ich. Wir haben ein Au-pair-Mädchen, das Lena und mich ins Bett bringt. Die Kinder hier werden von ihrer Oma ins Bett gebracht. Ich habe eine tolle Stereoanlage und kann Musik hören, bis ich einschlafe. Die Oma erzählt den Kindern hier eine Geschichte. Unser Au-pair-Mädchen kocht unser Essen für jeden frisch, wir alle können kommen und gehen, wie wir wollen. In dieser Familie kocht die Oma oder die Mutter und alle essen zur gleichen Zeit. Ich werde überall hingefahren, in die Musikstunde und den Sportverein. Die Kinder hier gehen einfach vor die Haustür und spielen mit den anderen, die schon da sind. Und wenn du abends nach Hause kommst, liest du die Zeitung und setzt dich in dein Büro, um zu arbeiten. Der Vater dieser Familie hat, glaube ich, keine so wichtige Arbeit. Er setzt sich abends mit seiner Frau aufs Sofa und sie reden miteinander. Manchmal habe ich mir in den letzten Tagen gewünscht, wir wären auch arm."

Impuls für die Praxis

Die Geschichte eignet sich für das Selbst- und Zeitmanagementseminar ebenso wie für das persönliche Beratungsgespräch. Ich erzähle sie Menschen, die ihr Leben optimieren möchten. Ich betrachte die Geschichte als Einladung, ohne erhobenen Zeigefinger. Mir ist die Einladung wichtig, um die Chance zu eröffnen, die persönlich wichtigen Themen in den Mittelpunkt zu rücken und nicht nur noch besser zu funktionieren.

2.5 Zu seiner Verantwortung stehen

Zu seiner Verantwortung stehen

Oft klagen Menschen und Mitarbeiter über Lebensumstände, die nicht ganz ihren Erwartungen entsprechen. Sie klagen über ihre selbst gewählte Arbeit und drücken sich vor dem Tun und der damit verbundenen Verantwortung. Mit folgender Geschichte konnte ich humorvoll, sehr treffend und direkt diese Menschen und Mitarbeiter erreichen und wachrütteln.

Jim, wach auf!

Der Vater klopft an die Zimmertür seines Sohnes: „Jim wach auf, du musst in die Schule."

Jim erwidert: „Ich will nicht in die Schule."

„Warum denn nicht?", fragt der Vater.

„Aus drei Gründen", antwortet der Sohn. „Die Schüler ärgern mich, die Lehrer ärgern mich und überhaupt, ich will nicht in die Schule."

Darauf der Vater: „So, dann sage ich dir drei Gründe, warum du in die Schule musst. Erstens, es ist deine Pflicht. Zweitens, du bist 45 Jahre alt. Drittens, du bist der Klassenlehrer! AUFWACHEN!"

Impuls für die Praxis

Das „Aufwachen" steht in dieser Geschichte nicht nur für das morgendliche Aufwachen und Aufstehen, um zur Arbeit zu gehen. Vielmehr zeigt es deutlich, dass wir Menschen auch in unserem Leben „aufwachen" müssen. Damit meine ich das Verantwortungübernehmen für eine positive Arbeits- und Lebenseinstellung. Überlassen Sie diese Verantwortung nie einer anderen Person oder äußeren Umständen, weder dem Kunden noch dem Vorgesetzten oder dem Wetter.

Wir wissen alle, dass jede Arbeit positive und negative Seiten beinhaltet. Wir stehen allzu oft in der Gefahr, nur die negativen Seiten zu sehen und darüber auch zu sprechen und zu klagen. „Love it, change it, leave it!" „Lieben Sie Ihre Arbeit" ist hier die richtige Einstellung. Vielleicht gelingt Ihnen das nicht uneingeschränkt, dann versuchen Sie belastende Aspekte zu verändern. Nicht alle Rahmenbedingungen lassen sich allerdings so einfach verändern. „Leave it" bedeutet nach unserem Verständnis, konsequent eine Entscheidung zu treffen und zum Beispiel den Arbeitsplatz zu wechseln. Beachten Sie dabei bitte, dass Sie sich mit all Ihren Neigungen, Fähigkeiten und auch Schwächen mitnehmen und möglicherweise in kurzer Zeit wieder eine vergleichbare Situation wie an Ihrem früheren Arbeitsplatz geschaffen haben. „Leave it" bedeutet eben oft auch, den eigenen, überholten Überzeugungen zu kündigen und sich auf diese Art und Weise persönlich weiterzuentwickeln. Das Glück folgt immer der Entschiedenheit, so auch bei der Arbeitswahl. Hören Sie auf zu klagen und handeln Sie.

2.6 Perspektive wechseln

Perspektive wechseln

Innovation heißt wörtlich „Neuerung“ oder „Erneuerung“. Das Wort ist von den lateinischen Begriffen *novus* „neu“ und *innovatio* „etwas neu Geschaffenes“ abgeleitet. Innovation setzt vor allem voraus, dass Menschen in der Lage sind, ihre Perspektive zu wechseln.

Gibt es ein Leben nach der Geburt?

Ein ungeborenes Zwillingspärchen unterhält sich im Bauch seiner Mutter. „Sag mal, glaubst du eigentlich an ein Leben nach der Geburt?“, fragt der eine Zwilling. „Ja, auf jeden Fall! Hier drinnen wachsen wir und werden stark für das, was draußen kommen wird“, antwortet der andere Zwilling. „Ich glaube, das ist Blödsinn!“, sagt der erste. „Es kann kein Leben nach der Geburt geben – wie sollte das denn bitteschön aussehen?“

„So ganz genau weiß ich das auch nicht. Aber es wird sicher viel heller als hier sein. Und vielleicht werden wir herumlaufen und mit dem Mund essen?“ „So einen Unsinn habe ich ja noch nie gehört! Mit dem Mund essen, was für eine verrückte Idee. Es gibt doch die Nabelschnur, die uns ernährt. Und wie willst du herumlaufen? Dafür ist die Nabelschnur viel zu kurz.“

„Doch, es geht ganz bestimmt. Es wird eben alles nur ein bisschen anders.“ „Du spinnst! Es ist noch nie einer zurückgekommen von ‚nach der Geburt‘. Mit der Geburt ist das Leben zu Ende. Punktum.“

„Ich gebe ja zu, dass keiner weiß, wie das Leben nach der Geburt aussehen wird. Aber ich weiß, dass wir dann unsere Mutter sehen werden, und sie wird für uns sorgen.“ „Mutter??? Du glaubst doch wohl nicht an eine Mutter? Wo ist sie denn bitte?“ „Na hier – überall um uns herum. Wir sind und leben in ihr und durch sie. Ohne sie könnten wir gar nicht sein!“

„Quatsch! Von einer Mutter habe ich noch nie etwas bemerkt, also gibt es sie auch nicht.“ „Doch, manchmal, wenn wir ganz still sind, kannst du sie singen hören. Oder spüren, wenn sie unsere Welt streichelt ..."

Impuls für die Praxis

Die Tagung der Führungskräfte hatte zum Ziel, neue Wege beim Verkauf von Produkten zu entwickeln. Es ging nicht darum, die „Welt aus den Angeln zu heben", sondern die bisherige Vorgehensweise zu reflektieren und die vorhandenen Mittel wenn möglich auf eine neuartige Weise zu kombinieren. Es fällt den meisten Menschen schwer, auf „Knopfdruck" kreativ und innovativ zu sein. Die ungewöhnliche Sichtweise auf das Leben in der Geschichte hat die Diskussion erleichtert. Das Suchen nach neuen Erkenntnissen oder Lösungswegen setzt Neugier und Lust auf Erneuerung voraus. Das ist leichter zu erreichen, wenn neben dem Verstand auch das Herz berührt wird.

3 Aktiv sein

3.1 Initiative ergreifen

Initiative ergreifen

Wünsche und Träume sind eine wichtige Basis, um im Leben etwas zu erreichen. Aus Wünschen und Träumen müssen allerdings Ziele werden und damit dann wirklich etwas geschieht, braucht es Aktivitäten. Aktiv sein, das ist der entscheidende Schritt hin zum Erfolg.

> „Das Glück lässt sich nicht zwingen. Aber es hat für hartnäckige Menschen sehr viel übrig."
> *Peter Frankenfeld*

Erfolg braucht Aktivität

Als er am 23. Mai 1958 in Frankfurt am Main geboren wurde, war von bemannten Raumflügen und Mondspaziergängen noch keine Rede. Doch schon in Kindesjahren lernte er, was es heißt „abzuheben", denn seine Eltern waren begeisterte Segelflieger. Als Schüler hatte er bereits den Wunsch, Astronaut zu werden, was zur damaligen Zeit utopisch schien, da nur die Amerikaner und Sowjets bemannte Raumfahrtprogramme hatten.

Mit elf Jahren, im Jahr 1969, schrieb der Junge einen Brief an den amerikanischen Astronauten Neil Armstrong, nachdem dieser im selben Jahr als erster Mensch den Mond betreten hatte. Er bat um ein Autogramm und um ein Abzeichen der NASA. Eine Antwort bekam er nicht – zunächst.

Inzwischen war Thomas Reiter insgesamt 350 Tage im Weltall und umrundete 5525 Mal die Erde. Seit dem 1. Oktober 2007 ist er Mitglied des Vorstandes des Deutschen Zentrums für Luft- und Raumfahrt und zuständig für die Bereiche Raumfahrtforschung und -entwicklung.

Impuls für die Praxis

Manchen Verkäufern fällt es schwer, zu Beginn des Jahres wieder aktiv zu werden. „Jetzt ist alles wieder auf Null gesetzt." Diesen oder ähnliche Sätze höre ich immer wieder und es klingt nicht nach Aufbruchstimmung. Diese passive, reagierende statt agierende Arbeitsphase kann beim einen oder anderen durchaus 2 – 3 Monate dauern. Der Schrecken kommt dann meistens mit den Absatzzahlen des 1. Quartals. Dann beginnt der „Stress des Verkaufens". Erzählen Sie die Geschichte bereits, wenn Sie die Verkaufszahlen des aktuellen Jahres bilanzieren. Denn dann beginnt bereits die Planung des Erfolges im neuen Jahr. Darüber hinaus verdeutlicht die Schilderung auch, dass Initiative Weitsicht, Geduld und Vertrauen braucht.

3.2 Aktiv sein

Aktiv sein

In viele Lebensbereiche hat sich unmerklich eine Konsumhaltung eingeschlichen. Unbefriedigende Situationen bei sich persönlich oder im beruflichen Umfeld sollen sich verbessern. In vielen Bereichen entsteht ein Veränderungsdruck, weil wir Entwicklungen lange, manchmal zu lange vor uns herschieben. „Es" wird sich dann ändern lassen, wenn wir selbst aktiv werden, Neues wagen und den Mut haben, uns persönlich „mit Haut und Haaren" dafür einzusetzen.

Der Seiltänzer

In einer Großstadt führte ein Seiltänzer seine Künste in großer Höhe vor. Als besondere Attraktion schob er einen Schubkarren über das Drahtseil auf die andere Seite. Als er damit sicher die andere Seite erreicht hatte, fragte er die Zuschauer, ob sie glaubten, dass er den Schubkarren wieder zurückschieben könne. Alle klatschten frenetisch Beifall. Damit wollten sie zum Ausdruck bringen, dass sie überzeugt waren, dass er es tun könne.

Da fragte er noch einmal: „Ihr stimmt also alle überein, dass ich den Schubkarren zurückschieben kann?" „Aber natürlich!", schrien alle und klatschten Beifall. „Nun gut", sagte der Akrobat, „ich will euren Glauben prüfen: Wer von euch will hier heraufkommen und sich in den Schubkarren setzen, während ich ihn auf die andere Seite schiebe?"

Niemand wollte es. Niemand wollte so hautnah mit hineingezogen werden. Sie waren alle zufrieden damit, nur einfach Zuschauer zu bleiben.

Impuls für die Praxis

Die Teilnehmer des Workshops haben sich ihren Platz gesucht, die Unterlagen vor sich auf den Tisch gelegt. Ich spüre die Erwartungshaltung. Natürlich habe ich als Seminarleiter, Trainer oder Moderator die Aufgabe, die Menschen für die Mitarbeit zu gewinnen. Das mache ich gerne. Eine intensive Arbeitsatmosphäre mit nachhaltiger Wirkung entsteht allerdings vor allem dann, wenn sich Teilnehmer aktiv und persönlich einbringen. Die Geschichte über den Seiltänzer vermittelt die Arbeitsgrundlage und das wesentliche Erfolgskriterium für eine Veranstaltung, ob nun Seminar, Workshop oder Mitarbeiterbesprechung auf einfache und prägnante Weise.

3.3 Zivilcourage beweisen

Zivilcourage beweisen

Natürlich sind in Unternehmen Hierarchien, Spielregeln und Strukturen zu beachten. Es dient allerdings der Qualitätssicherung des unternehmerischen Handels, wenn konstruktiv-kritische Fragen gestellt werden und Mitarbeitende sich nicht schon mit der ersten Antwort zufrieden geben.

Großer Aufruhr im Wald

Es geht das Gerücht um, der Bär habe eine Sterbeliste. Alle fragen sich, wer denn nun da drauf steht. Als erster nimmt der Hirsch allen Mut zusammen und geht zum Bären und fragt ihn: „Sag mal Bär, steh ich auf deiner Liste?“ „Ja“, sagt der Bär, „auch dein Name steht auf der Liste.“ Voller Angst dreht sich der Hirsch um und jagt davon. Und wirklich, nach zwei Tagen wird der Hirsch tot aufgefunden. Die Angst bei den Waldbewohnern nimmt immer mehr zu. Die Gerüchteküche brodelt um die Frage, wer denn noch auf der Liste steht, wer wohl das nächste Opfer sein wird. Dann reißt dem mächtigen Keiler der Geduldsfaden und er sucht den Bären auf, um ihn zu fragen, ob auch er auf der Liste stehen würde. „Ja“, sagt der Bär, „auch dein Name steht auf der Liste.“ Völlig verängstigt verabschiedet sich der Keiler vom Bären. Und auch ihn findet man nach zwei Tagen tot auf. Nun bricht die Panik bei den Waldbewohnern vollends aus. Nur der Hase traut sich noch, den Bären aufzusuchen. „Bär, stehe ich auf deiner Liste?“ „Ja, auch dein Name steht auf der Liste.“ „Kannst du mich da streichen?“ „Na klar, kein Problem!“

Impuls für die Praxis

Als Personalchef hatte ich immer wieder vertrauliche Gespräche mit Mitarbeitern anderer Abteilungen. Es wurden die „Umstände“ beklagt, die das Arbeiten erschweren. Veränderung des Arbeitsablaufs, ohne den Hintergrund zu verstehen, der Eindruck, dass andere Kollegen bevorzugt werden, im Team

eine ungleiche Arbeitsverteilung – Beispiele für die Themen in diesen Besprechungen.
Die innere Haltung der Mitarbeiter: Ich bin „Opfer“. Die Erwartung an mich als Führungskraft: „Es“ soll sich ändern, ohne dass der Betreffende selbst etwas tun musste. Die zugesagte Diskretion war mir sehr wichtig. Ein Dilemma nun auch für mich? Nein! Ich habe den Kollegen die Geschichte vom „Aufruhr im Wald“ erzählt. Die Botschaft der Geschichte: Es kann sich nur dann etwas ändern, wenn ich selbst Zivilcourage beweise und die persönlich belastenden Situationen anspreche. Wenn es einfach wäre, hätten die Mitarbeiter es natürlich schon längst getan. Also haben wir verschiedene Vorgehensweisen durchgespielt, Wirkungsmöglichkeiten beleuchtet. Der Mitarbeiter wusste am Ende des Gesprächs immer, wie er vorgehen wird.

3.4 Das Tun entscheidet über den Erfolg

Das Tun entscheidet über den Erfolg

Nicht das Wissen, sondern das Tun, die Umsetzung entscheidet über den Erfolg. Den Verkäufern und Führungskräften sind oft viele Verkaufsformeln und Führungsmethoden bekannt. Dieses Wissen nützt aber nicht, wenn es nicht eingesetzt wird.

Morse-Operator in New York

Stellen Sie sich vor, Sie leben in New York – und das nicht zur heutigen Zeit, sondern im Jahr 1929. In dieser Zeit ist in New York die wirtschaftliche Lage schwierig. Es herrscht eine große Arbeitslosigkeit und den Menschen geht es schlecht. Sie selbst haben den Beruf eines Morse-Operators, sind leider auch arbeitslos und suchen verzweifelt einen Job. Eines Tages lesen Sie in der New York Times eine große Anzeige „Morse-Operator gesucht". Voller Begeisterung schneiden Sie sich diese Anzeige aus und nehmen sich vor, sich zu bewerben.

Sie gehen an dem besagten Tag zu dem beschriebenen Ort und finden eine große alte Fabrikhalle vor. Beim Eintreten ziehen Sie ein Nummernkärtchen mit der Zahl 254. In diesem Augenblick wird Ihnen klar, dass 253 Mitbewerber schon in der Halle sind. Sie sind nun in dieser Fabrikhalle. Sie ist groß und nicht besonders schön. Es ist laut, es wird im Hintergrund gehämmert, alle Sitzplätze sind schon vergeben. Sie warten ergeben auf das, was nun wohl passiert. Derweil kommen immer weitere Bewerber in die Halle.

Wie zufällig beobachten Sie dabei einen jungen Mann, der auch in die Halle eintritt. Sie denken sich noch, der müsste die Nummer 300 gezogen haben. Der junge Mann steht ganz in Ihrer Nähe und beobachtet, genau wie Sie, die Szene. Schon nach kurzer Zeit geht durch den jungen Mann ein Ruck. Er geht an Ihnen und allen Bewerbern vorbei zu einer Bürotür, klopft an, wartet auf kein Herein und verschwindet hinter der rasch wieder geschlossenen Tür.

Schon nach kurzer Zeit kommt der junge Mann wieder aus dem Raum. Zusammen mit ihm verlässt – so vermuten Sie – der Seniorchef das Büro. Der Lärm ist vorüber, deshalb können Sie die Erklärung des älteren Herrn gut verstehen. Er bedankt sich für das Interesse und teilt allen mit, dass Sie doch bitte heimgehen sollten, weil der junge Mann den Job hat.

An dieser Stelle der Geschichte frage ich die Teilnehmer, wie es ihnen gerade geht, was sie denken und was sie fühlen. Sehr oft kommen Bemerkungen wie: Das ist ungerecht. Frechheit siegt. Ellenbogengesellschaft. Ich fühle mich schlecht, habe versagt.

Nun, die Geschichte geht weiter, denn der Seniorchef ist ein weiser Mann, der Sie nicht heimschickt, ohne Ihnen zu sagen, wie es zu dieser Entscheidung kam. Sie erinnern sich: Sie stehen in der alten Fabrikhalle, die Sitzplätze sind alle belegt, es wird im Hintergrund laut gehämmert. Diese Hammerschläge waren Morsezeichen, die besagt haben: „Wenn du dies verstehst, gehe zu der einen Tür, klopfe an, warte auf kein Herein und du hast den Job!"

Impuls für die Praxis

Die Geschichte endet anders als erwartet und löst bei den Zuhörern oft Betroffenheit aus. Der junge Mann war hellwach und im Hier und Jetzt, hat die Augen und vor allem die Ohren aufgesperrt und darum die Morsesignale herausgehört. Gute Verkäufer und Führungskräfte haben ebenfalls die Augen und Ohren offen, um die vielen Signale wahrzunehmen, die uns Kunden und Mitarbeiter senden.

Ich bin sicher, dass viele der Bewerber in der Fabrikhalle auch irgendwas verstanden haben. „Na, war da nicht was, wird da nicht gemorst?" Die hatten vielleicht nicht ausreichend Mut und haben deshalb abgewartet und geschaut, was wohl die anderen machen. Der junge Mann hat sein Herz in die Hand genommen und hat gehandelt.

Wir können in der heutigen, so schnelllebigen Zeit nicht immer auf weitere, neue Erkenntnisse warten. Wir müssen auch mal das Herz in die Hand nehmen und die Dinge TUN.

Anmerkung: Nach einer tagelangen Diskussion über die Einführung eines neuen Produktes sagte ein Mitarbeiter treffend: „Während die Gescheiten diskutieren, stürmen die Dummen die Burg."

4 Miteinander sprechen

4.1 Die Distanz macht den Unterschied

Die Distanz macht den Unterschied

Die zielorientierte Verarbeitung von Informationen in Unternehmen ist eine wichtige Basis für Leistung und Entwicklung. Informationen werden immer wieder von persönlichen Sichtweisen geprägt. Außerdem verbindet jede der beteiligten Seiten, egal ob Mitarbeiter oder Führungskraft, oft auch die Erwartung, dass die eigene Information bei der Realisierung einer Aufgabe berücksichtig wird. Dies ist nicht immer möglich. Die „Taschenlampengeschichte“ unterstreicht die Bedeutung der unterschiedlichen Standorte bei der Verarbeitung von Informationen.

Das Experiment mit der Taschenlampe

Wenn Sie mit einer Taschenlampe in einem dunklen Raum eine Wand anstrahlen, dann entscheidet die Entfernung der Taschenlampe über die Größe und Helligkeit des Lichtkegels.

Stehen Sie mit Ihrer Taschenlampe sehr nahe an der Wand, erzeugen Sie nur einen kleinen Lichtkegel. Dieser ist dafür sehr hell und deutlich. Die Struktur der Wand ist klar erkennbar.

Aus weiterer Entfernung erzeugen Sie einen größeren Lichtkegel, leuchten also einen größeren Teil der Wand aus. Dieser Lichtkegel ist aber schon nicht mehr so hell und deutlich. Die Beschaffenheit der Wandoberfläche ist nicht mehr klar erkennbar. Es entscheidet also immer der eigene Standort darüber, was und wie genau Sie etwas sehen können.

So ist es auch bei den Positionen, die Mitarbeiter und Führungskräfte einnehmen.

Mitarbeiter, die zum Beispiel im direkten Kundenkontakt stehen, leuchten im Detail aus, wie die konkrete Situation der Kunden ist. Diese Informationen hat eine Führungskraft von ihrem weiter entfernten Standort nicht. Sie sind also darauf angewiesen, dass Mitarbeiter diese Informationen weitergeben. Umgekehrt leuchten die Führungskräfte eine größere Fläche des Unternehmens aus, die der Mitarbeiter nicht sehen kann. Auch dies zeigt auf, dass Informationen weitergegeben werden müssen.

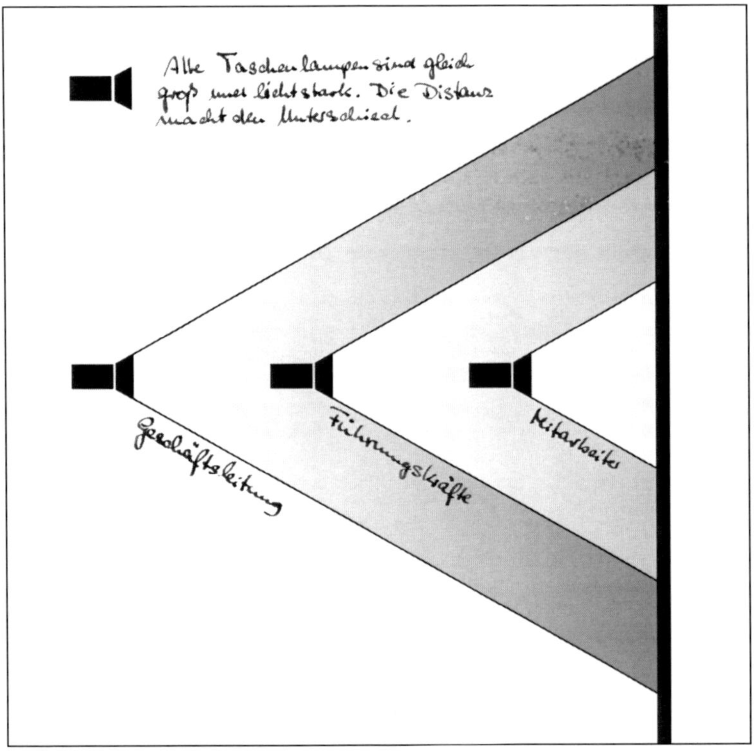

Impuls für die Praxis

Ich habe diese Geschichte, verbunden mit dem Bild, meinen Mitarbeitern zu Beginn meiner Tätigkeit als Marktbereichsleiter bei der Sparkasse erzählt.

Mit dieser Bildergeschichte, am besten auf einem Flipchart entwickelt, zeigen Sie den Mitarbeitern deutlich die unterschiedlichen Standpunkte auf. Sie erzeugen bei Mitarbeitern auch Verständnis dafür, dass ihre Informationen nicht immer sofort eins zu eins umgesetzt werden können. Sie verstehen, dass im Gesamtkontext (dem größeren Lichtkegel) noch andere Entscheidungskriterien eine Rolle spielen. Mit diesem Verständnis vermeiden Sie Demotivierung, die oft bei enttäuschten Erwartungen entsteht.

Zudem können Sie Ihren Mitarbeitern mit dieser Geschichte verdeutlichen, dass alle in einem Team wichtig sind. Alle Taschenlampen sind gleich groß und lichtstark. Der Standort macht den Unterschied aus.

4.2 Achtsame Kommunikation

Achtsame Kommunikation

In der Kommunikation ist es wie beim Bogenschießen. Wir können eine verletzende, herabsetzende Bemerkung genauso wenig zurückholen wie den abgeschossenen Pfeil. Vieles geschieht im Kontakt mit anderen nicht mit Absicht, dennoch sind wir in der Kommunikation für die Wirkung unserer Worte verantwortlich.

Drei Siebe

Ein Schüler kam ganz aufgeregt zu Sokrates gelaufen und rief außer Atem: „Höre Meister, ich muss dir berichten, dass …" „Warte einen Augenblick", unterbrach Sokrates ihn sanft, „hast du das, was du mir sagen willst, durch drei Siebe gesiebt?" „Welche drei Siebe?", fragte der Schüler irritiert. „Nun, das erste ist das Sieb der Wahrheit. Hast du das, was du mir erzählen möchtest, geprüft, ob es wirklich wahr ist?" „Ich … nein, aber mir wurde berichtet, dass …" „Dann hast du es sicher mit dem zweiten Sieb, dem Sieb der Güte, geprüft? Ist das, was du mir mitteilen willst – wenn es nicht mit Sicherheit wahr ist – wenigstens gut?" Der Schüler zögerte merklich. „Nein, das ist es eigentlich nicht. Im Gegenteil." „Nun", unterbrach in der Meister noch einmal, „dann lass uns das dritte Sieb nehmen. Ist es wirklich notwendig, mir das, was dich so zu erregen scheint, zu erzählen?" „Nicht gerade notwendig, aber …" Sokrates lächelte ihn an: „Wenn das, was du mir sagen wolltest, weder wahr ist, noch gut und auch nicht notwendig, dann lass es begraben sein. Belaste weder dich noch mich damit."

Impuls für die Praxis

Die Zusammenarbeit in einem Team unterliegt gruppendynamischen Gesetzmäßigkeiten und so kommt es phasenweise eben vor, dass Menschen nicht miteinander sondern übereinander sprechen. In Besprechungen oder Workshops, die eine verbesserte Kommunikation im Team zum Ziel haben, passt diese

Geschichte perfekt. Wahr, gut, notwendig? Wenn es Ihnen gelingt, eigene Aussagen und die anderer mit diesen drei „Filterfragen“ zu reflektieren, verbessern Sie die Kommunikation im Team deutlich. Eine Garantie gibt es leider nicht, denn wie sagte ein Teilnehmer in einer Veranstaltung: „Ich kann das alles nachvollziehen, es ist logisch. Es macht mir allerdings auch Spaß, irgendwelche Vermutungen als vermeintliche Tatsachen zu verbreiten. Sie dürfen das nicht alles so ernst nehmen.“

4.3 Erfolgreiche Kommunikation

Erfolgreiche Kommunikation

Kontaktphase, Fragetechnik, die Unterscheidung von Einwänden und Vorwänden – in der Kommunikation zwischen Menschen ist vieles erlernbar, keine Frage. Wer bereit ist zu trainieren, wird ein hohes technisches Niveau der Kommunikationskunst erreichen. Und dennoch, entscheidend ist die innere Einstellung.

Im richtigen Moment das Richtige sagen

Er zwingt sich, die Augen zu öffnen und blickt zuerst auf eine Packung Kopfschmerztabletten und ein Glas Wasser auf dem Nachttischchen. Er setzt sich auf und schaut sich um. Auf einem Stuhl ist seine gesamte Kleidung schön zusammengefaltet. Er sieht, dass im Schlafzimmer alles sauber und ordentlich aufgeräumt ist. Und so sieht es in der ganzen Wohnung aus. Er nimmt die Tablette und bemerkt einen Zettel auf dem Tisch: „Liebling, das Frühstück steht in der Küche, ich bin schon früh raus, um einkaufen zu gehen. Ich liebe dich!" Also geht er in die Küche und tatsächlich – da steht ein fertig vorbereitetes Frühstück und die Morgenzeitung liegt auf dem Tisch. Außerdem sitzt da sein Sohn und isst. Er fragt ihn: „Kleiner, was ist gestern eigentlich passiert?" Sein Sohn sagt: „Tja, Paps, du bist um drei Uhr früh heimgekommen, total besoffen und eigentlich schon halb bewusstlos. Du hast ein paar Möbel demoliert, in den Flur gekotzt und dir fast ein Auge ausgestochen, als du gegen einen Türgriff gelaufen bist." Verwirrt fragt er weiter: „Und warum ist dann alles hier so aufgeräumt, meine Klamotten sind sauber zusammengelegt und das Frühstück steht auf dem Tisch?" „Ach, das!", antwortet ihm sein Sohn, „Mama hat dich ins Schlafzimmer geschleift und aufs Bett gewuchtet, aber als sie versuchte, dir die Hose auszuziehen, hast du gesagt: ‚Hände weg, Fräulein, ich bin glücklich verheiratet.'"

Ein selbstverschuldeter Kater: 100 Euro
Zerstörte Möbel: 250 Euro
Reinigung von Teppich und Kleidung: 100 Euro
… im richtigen Moment das Richtige sagen: Unbezahlbar!

Impuls für die Praxis

Das Verkaufstraining mit den Beratern liegt einige Wochen zurück. Gleichgültig wie gut die Qualität und auch die Resonanz der Teilnehmer nach einer Veranstaltung ist, entscheidend ist der Transfer in die Praxis. Die Wiederholung von Erkenntnissen wirkt bei vielen Menschen vertiefend. Sie kennen das Sprichwort: „Steter Tropfen höhlt den Stein." Alle Teilnehmer haben einen Brief mit dieser Geschichte erhalten. Die Resonanz zeigte, dass viele das Signal verstanden haben. Eine positive Einstellung gegenüber Menschen und sprachliches Know-how – die Mischung macht´s.

4.4 Diplomatie gewinnt

Diplomatie gewinnt

In der Kommunikation ist die Wirkung des Gesagten entscheidend. Klarheit und Offenheit sind wichtig, es kommt allerdings auch auf die „Verpackung" an.

Der Traumdeuter

Ein mächtiger Sultan, der in einem großen Palast lebte, träumte eines Nachts, er verliere alle Zähne. Gleich nach dem Erwachen ließ er einen Traumdeuter zu sich rufen und fragte nach dem Sinn des Traumes. „Ach, welch ein Unglück, Herr!", rief der Traumdeuter aus. „Jeder verlorene Zahn bedeutet den Verlust eines deiner Angehörigen!" „Was, du frecher Kerl", schrie ihn der Sultan wütend an, „was wagst du mir zu sagen? Fort mit dir!" Und er gab den Befehl: „50 Stockschläge für diesen Unverschämten und jagt ihn aus dem Land!"

Doch der nächtliche Traum ließ dem Sultan keine Ruhe. Es dauerte nicht lange und ein anderer Traumdeuter wurde gerufen und vor den Sultan geführt. Als er den Traum erfahren hatte, rief er: „Welch ein Glück! Welch ein großes Glück! Unser Herr, der mächtige Sultan, wird alle seine Angehörigen überleben!" Da heiterte sich des Sultans Gesicht auf und er sagte: „Ich danke dir, mein Freund. Gehe sogleich mit meinem Schatzmeister und lasse dir von ihm 50 Geldstücke geben!"

Auf dem Weg sagte der Schatzmeister verblüfft zum Traumdeuter: „Du hast den Traum des Sultans doch nicht anders gedeutet als der erste Traumdeuter!" Mit schlauem Lächeln erwiderte der kluge Mann: „Merke dir, man kann vieles sagen, es kommt nur darauf an, wie man es sagt!"

Impuls für die Praxis

Für den externen Moderator von Tagungen ist meist rasch erkennbar, welche Themen vermieden werden. Neben dem direkten Ansprechen dieses Eindrucks („Ich habe den Eindruck, dass Sie das Thema … vermeiden. Ist das so oder täusche ich mich?“) sind auch Fragen ein probates Mittel („Welche Bedeutung hat das Thema …?“). Als eine weitere Variante hat sich für mich die Geschichte vom Traumdeuter bewährt. Ich erzähle sie zu Beginn der Moderation und kläre bereits in dieser meist noch spannungsfreien Phase ab, auf welche Weise Tabuthemen angesprochen werden können.

Vergleichbar verhält es sich bei der Auftragsklärung im Coachingprozess. Diese Geschichte macht es möglich, das Thema Offenheit früh zu besprechen. Ich erhalte so bereits einen ersten Eindruck von der Empfindsamkeit des Gesprächspartners.

Auch bei der Führung von Mitarbeitern kann diese Geschichte eingesetzt werden. Mein Mitarbeiter versteckte seine schlechte Verkaufsleistung hinter folgender Behauptung: „Ich muss dem Kunden immer die Wahrheit sagen, und wenn die Konkurrenz billiger ist, dann muss ich ihm das sagen.“ Die Geschichte vom Traumdeuter war die passende Antwort. Mein Mitarbeiter hat verstanden.

5 Auch Bilder erzählen Geschichten

Ein Bild sagt manchmal mehr als viele Worte. Wir dokumentieren deshalb gerne Eindrücke und Stimmungen aus unseren Veranstaltungen mit Bildern. Für manchen Teilnehmer sind diese Bilder ein wichtiger „Anker“, um Erkenntnisse im Leben nach Seminar, Workshop oder Coaching am Arbeitsplatz und im privaten Umfeld nicht zu vergessen.

Wir können den Verstand der Menschen mit Argumenten überzeugen. Wir können Verhalten trainieren. Begeisterung für Aufgaben wird dann entstehen, wenn wir die Herzen der Menschen gewinnen.
Wolfram Beschle

Erfolgreiche Menschen halten den Kopf hoch
und behalten das Ziel im Auge.
Karl-Ludwig Oehler

Ein Team unterscheidet sich von einer Gruppe meist dadurch, dass die Menschen nicht nur zusammengestellt, sondern auch zusammengewachsen sind.
Wolfram Beschle

Das Denken bestimmt den Schwung.
Karl-Ludwig Oehler

Zusammenkunft ist ein Anfang.
Zusammenhalt ist ein Fortschritt.
Zusammenarbeit ist der Erfolg.
Henry Ford

Überwinde die Anfangsschwierigkeiten
und du hast Erfolg.
Karl-Ludwig Oehler

Wer sein Ziel kennt, der findet auch seinen Weg.
Wolfram Beschle

Menschen kann man auf Dauer nicht mit Angst motivieren, sondern mit Zielen und Anerkennung.
Karl-Ludwig Oehler

Manchmal scheint alles gegen dich zu sein. Dann denke daran, dass ein Flugzeug gegen den Wind abhebt.
Wolfram Beschle

In einer Führungsposition ist man
für das Gelingen des Ganzen zuständig.
Wolfram Beschle

Am Steuerknüppel eines Flugzeugs kann der Mensch fast alles erfahren und lernen, was im Leben wichtig ist – hautnah, emotional und nachhaltig.
Wolfram Beschle

6 Konflikte vermeiden oder lösen

6.1 Fair miteinander umgehen

Fair miteinander umgehen

Intrigen, Gerüchte, Tratsch sind kein neues Thema. Mobbing ist eine Steigerung dieses unfairen und die Menschenwürde missachtenden Verhaltens. Wir sind alle aufgerufen, ob Kollege, Chef oder Nachbar, Zivilcourage zu beweisen.

Die schwarzen Federn

Der Pfarrer war in dem kleinen Ort bei vielen Menschen beliebt. Die Leute waren im Grunde froh, noch einen eigenen Pfarrer zu haben. Wenn nur nicht immer diese Geschichten im Dorf kursieren würden. Nichts Offizielles, nie direkt, immer hinter vorgehaltener Hand Zweifel über seine rechtmäßige Weihe zum Priester, Vermutungen über Verfehlungen in früheren Gemeinden und vieles mehr. Die Gerüchte hielten sich hartnäckig, der Pfarrer konnte aber den Urheber nicht in Erfahrung bringen. Mit wem er auch sprach, es konnte niemand eine Auskunft geben. Eines Tages war die alte Mechthild, eine ehemalige Magd auf einem Bauernhof etwas außerhalb der Gemeinde, bei ihm im Beichtstuhl. Es war zu spüren, dass sie etwas bedrückte. Sie beichtete ihm, dass sie es war, die diese Gerüchte über ihn verbreitet hatte. Sie drückte ihr Bedauern aus und bat ihn um Verzeihung. Dazu war der Pfarrer so ohne Weiteres nicht bereit. Er wollte ihr eine Chance geben, vor allem aber ihr das eigene Verhalten vor Augen führen. Sie erhielt folgenden Auftrag: „Geh nach Hause, schlachte drei von deinen schwarzen Hühnern, rupfe sie und werfe die Federn aus dem Fenster im Glockenturm der Kirche."

Mechthild tat wie ihr gesagt, zerstreute die schwarzen Federn vom Kirchturm und stand alsbald mit leerem Korb und voller Hoffnung vor der Türe des Pfarrers und bat erneut um Verzeihung. Dieser entgegnete aber: „Nun geh bitte und sammle alle Federn wieder ein."

Daraufhin brach Mechthild in Tränen aus und stammelte: „Herr Pfarrer, das ist unmöglich, der Wind hat die Federn mitgenommen, kein Mensch kann diese jetzt einsammeln." „So ist es auch mit dem gesprochenen Wort, das kann man auch nicht mehr einsammeln", entgegnete der Pfarrer, „darum denke bitte in Zukunft immer an die schwarzen Federn, bevor du schlecht über jemanden sprichst."

Impuls für die Praxis

Teams funktionieren auf Dauer leider selten automatisch. Die Entwicklung in einem Team beansprucht immer wieder Aufmerksamkeit. Versteckte Konflikte und Cliquenbildung sind Beispiele der gruppendynamischen Phasen einer Teambildung. In manchen Situationen übertreiben es die Beteiligten allerdings zu Lasten von Kollegen und die Produktivität nimmt ab.

Die Geschichte hat sich als Einstieg in Teambesprechungen und ebenso in Einzelgesprächen bewährt. Ergänzend dazu habe ich auch schon eine schwarze Feder zur Erinnerung überreicht. Damit wird die Vorgehensweise noch emotionaler. Meist kann dann rasch mit der Analyse von Spannungsfeldern begonnen werden.

6.2 Die Sichtweise ist entscheidend

Die Sichtweise ist entscheidend

Konflikte haben ihren Ursprung oft in den unterschiedlichen Sichtweisen der Menschen. Mit einer kleinen Bildergeschichte konnte ich bei vielen Konflikten, Kundenbeschwerden, Meinungsverschiedenheiten den Boden bereiten und eine Einigung erzielen.

Ein Espresso verbindet

Auch in harten Verhandlungen, Beschwerde- oder Konfliktgesprächen versuche ich, die Beteiligten zu einem gemeinsamen Espresso einzuladen. Die auf dem Tisch stehenden Espressotassen nutze ich dann für folgende Geschichte. Das Ganze funktioniert natürlich auch ohne Espresso, dann male ich die Tassen auf ein Blatt Papier.

Ich stelle eine Espressotasse zwischen die Gesprächspartner und sage: „Sehen Sie den Henkel der Tasse? Der eine sagt: Der Henkel der Tasse ist rechts." Ich bestätige seine Sichtweise. Der andere sagt: „Der Henkel der Tasse ist links.“ Ich bestätige auch diese Sichtweise. Aus meiner Sicht sieht die Tasse wiederum anders aus, denn ich sehe keinen Henkel.

Wir betrachten alle dieselbe Tasse, nur aus unterschiedlichen Blickwinkeln. „Lassen Sie uns im Gespräch nun eine Sichtweise finden, die allen gerecht wird.“

Impuls für die Praxis

Mit dieser Geschichte und der Skizze verdeutlichen Sie, dass es „richtig“ oder „falsch“ oft nicht gibt. Mit Humor lassen sich unterschiedliche Standpunkte und die damit verbundenen unterschiedlichen Sichtweisen leichter verdeutlichen. Ein gemeinsamer Lösungsweg lässt sich dadurch oft sehr schnell finden. Zudem erzeugt die Geschichte, verbunden mit einem feinen Espresso, eine gute Atmosphäre und ein erstes Lächeln bei den Konfliktparteien.

6.3 Konflikte zulassen

Konflikte zulassen

Konflikte sind menschlich, lassen sich manchmal nicht vermeiden. Wenn wir Konflikte dauerhaft lösen, lernen alle daraus. Sie kennen das vielleicht auch: Ein konstruktiv gelöster Konflikt vertieft die menschlichen Beziehungen, ist Ausdruck wahrer Harmonie.

Warum machen die das so?

Pauls Tochter Anna hatte eine Dokumentation über ein Stammesvolk in Afrika gesehen und war davon so begeistert, dass sie sofort erzählen wollte: „Weißt du, Papa, da war ein Mann und der hat einen Sack Getreide gestohlen, aber das brauchten die anderen zum Brotbacken."

„Überall das Gleiche!" Paul musste an Holger denken, einen Kollegen, der im vergangenen Jahr entlassen worden war, weil er Arbeitsmaterial gestohlen hatte. „Papa?" Anna hatte bemerkt, dass er abwesend war. „Entschuldige bitte. Was haben sie mit dem Mann gemacht? Haben sie ihn bestraft oder fortgejagt?"

„Nein", meinte Anna, „das war komisch. Alle haben aufgehört zu arbeiten und dann haben sie sich in einen Kreis gesetzt. Sogar die Kinder. Der Dieb war in der Mitte. Und dann hat jeder im Kreis dem Dieb gesagt, was er in seinem Leben Gutes gemacht hat. Wie er mit den Kindern gespielt, wie er bei einer alten Frau das Dach repariert und wie fleißig er auf dem Feld gearbeitet hat. Wie toll er Flöte spielen und wie gut er Geschichten erzählen kann. Sie haben ganz lange erzählt, bis jeder etwas gesagt hat. Das hat bis in die Nacht gedauert und dann hat der Chef ihn gefragt, ob er bleiben möchte und er hat Ja gesagt. Dann hat der Chef gesagt, dass sie jetzt gemeinsam die Vergangenheit losfliegen lassen. Dann haben ihn alle ganz fest umarmt und er hat geweint und sie haben getanzt und ein Fest gefeiert."

Paul musste wieder an Holger denken. Er war ein angenehmer Kollege – hilfsbereit, fröhlich ... ein sympathischer Kerl eigentlich ... „Papa“, unterbrach Anna seine Gedanken, „warum machen die das so?“

Impuls für die Praxis

Zwischenmenschliche Konflikte eskalieren in Unternehmen rasch, wenn die beteiligten Parteien nicht miteinander, sondern übereinander sprechen. Gewiss, das ist keine neue Erkenntnis und dennoch stelle ich dieses Verhalten häufig fest, wenn ich zu einer Konfliktmoderation in ein Unternehmen gerufen werde.

Ich beginne ein Konfliktgespräch manchmal mit dieser Geschichte. Meine Erfahrung: Die Menschen rechnen nicht mit diesem Einstieg ins Gespräch und sind deshalb überrascht. Überraschung und vielleicht auch etwas Nachdenklichkeit wirken unterstützend, wenn es darum geht, neue Sichtweisen zu erarbeiten. Jeder Teilnehmer schreibt einen Gedanken zur Geschichte auf eine Moderationskarte. Ich sammle die Karten ein und lese die Karten vor, bevor ich sie an der Pinnwand befestige. Es sind immer Hinweise dabei, die in der Besprechung aufgegriffen werden können.

6.4 Positiv mit Konflikten umgehen

Positiv mit Konflikten umgehen

Konflikte werden häufig kämpferisch ausgetragen. Ein „Kampf“ hinterlässt aber immer einen Sieger und einen Verlierer. Gerade bei Kunden oder Mitarbeitern ist eine langfristige, positive Zusammenarbeit wichtig.

Mit folgender Geschichte können Sie erhitzte Gemüter sehr gut besänftigen. Die Konfliktparteien entspannen sich und erkennen schnell die eigene Rolle im Konflikt.

Die Sonne und der Wind

Die Sonne und der Wind stritten sich darüber, wem von beiden es wohl gelingen würde, einem einsamen Wanderer den Mantel auszuziehen.

Der Wind begann und blies mit aller Macht. Das Einzige, was er erreichte war, dass der Wanderer den Mantel noch fester zuknöpfte und festhielt. Dann war die Sonne dran. Liebevoll sandte sie ihre Strahlen aus. Bald öffnet der Wanderer den oberen Mantelknopf, dann den zweiten und zog alsbald den Mantel aus.

Impuls für die Praxis

Mit dieser Geschichte können Sie auch sehr „stürmische“ Konfliktpartner erreichen. Ob im Mitarbeiter- oder Kundengespräch – die Gesprächspartner reflektieren ihre eigene Rolle. Das „liebevolle“ Auf-den-anderen-Zugehen bedeutet dabei nicht, dass ein für beide Seiten zufrieden stellendes Ziel aus den Augen verloren wird, sondern im Gegenteil oft viel schneller erreicht wird.

6.5 Spielregeln beachten

Spielregeln beachten

Konflikte entstehen oft, weil sich einzelne Personen, Gruppen oder Abteilungen nicht an Vereinbarungen halten. Mit der Geschichte „Ethik oder die 101. Kuh" wird schnell deutlich, wie sich ein Regelverstoß auf das ganze System auswirken kann.

Ethik oder die 101. Kuh

In einem Dorf haben 100 Bauern vereinbart, täglich eine Kuh auf die Almwiese zu schicken. Die Wiese ist groß genug, um den ganzen Sommer für 100 Kühe ausreichend Nahrung zu bieten. Das funktioniert eine Weile sehr gut.

Eines Tages aber sieht ein Bauer, wie sein Nachbarbauer zwei Kühe aus dem Stall in die vorbeigehende Herde schiebt. Er traut seinen Augen nicht und schaut am nächsten Morgen genauer hin. Tatsächlich, wiederum sind es zwei Kühe, die der Nachbar aus dem Stall auf die Weide schickte.

Der Bauer ist empört und denkt sich, wenn der zwei Kühe auf die Weide lässt, dann wird es sicherlich nichts ausmachen, wenn ich auch zwei Kühe auf die Almwiese schicke. Gedacht, getan – und so sind es schon 102 Kühe, die dieselbe Wiese beanspruchen.

Natürlich bleibt das auch von den anderen nicht lange unbemerkt und jede Woche gibt es mehr Kühe auf der Weide. Groß genug für 100 Kühe ist die Wiese, jedoch für 120, dann 130 und bald 150 Kühe unbrauchbar.

Das ganze System, dessen Basis Anständigkeit, Ehrlichkeit und Vertrauen sind, bricht zusammen. Ethik ist also ganz einfach. Es ist nicht die Menge der 100 Kühe, sondern die 101. Kuh, die das ganze System ins Schwanken gebracht hat.

Ein Einzelner, der das System unterwandert, genügt, um alles zusammenbrechen zu lassen.

Impuls für die Praxis

Viele Vereinbarungen im privaten oder beruflichen Bereich basieren auf Anständigkeit, Ehrlichkeit und Vertrauen. Wenn nur eine einzige Person, Gruppe oder Abteilung diese Grundlage unterwandert, ist oft das ganze System gestört. Im Gespräch mit den betreffenden Personen ist oft als Antwort zu hören: „Das ist doch nicht so schlimm, auf den einzelnen Regelverstoß kommt es wohl nicht an."

Als Führungskraft musste ich manchen Mitarbeiter darauf hinweisen, dass er gerade die 101. Kuh auf die Wiese geschoben hat – oder dass er vielleicht die 101. Kuh ist.

7 Veränderungen gestalten

7.1 Ganzheitlich denken

Ganzheitlich denken

In Unternehmen denken Verantwortliche oft an den eigenen Erfolg oder den Erfolg der eigenen Abteilung. Mitarbeiter sehen immer wieder ausschließlich die eigenen Interessen, auch wenn das belastende Folgen für Kollegen oder die Firma hat. Ganzheitlich zu denken, beginnt bei jedem persönlich.

Der Elefant und die Blinden

Es waren einmal fünf weise Gelehrte. Sie alle waren blind. Diese Gelehrten wurden von ihrem König auf eine Reise geschickt und sollten herausfinden, was ein Elefant ist. Und so machten sich die Blinden auf die Reise nach Indien. Dort wurden sie von Helfern zu einem Elefanten geführt. Die fünf Gelehrten standen nun um das Tier herum und versuchten, sich durch Ertasten ein Bild von dem Elefanten zu machen.

Als sie zurück zu ihrem König kamen, sollten sie ihm nun über den Elefanten berichten. Der erste Weise hatte am Kopf des Tieres gestanden und den Rüssel des Elefanten betastet. Er sprach: „Ein Elefant ist wie ein langer Arm." Der zweite Gelehrte hatte das Ohr des Elefanten ertastet und sprach: „Nein, ein Elefant ist vielmehr wie ein großer Fächer." Der dritte Gelehrte sprach: „Aber nein, ein Elefant ist wie eine dicke Säule." Er hatte ein Bein des Elefanten berührt. Der vierte Weise sagte: „Also ich finde, ein Elefant ist wie eine kleine Strippe mit ein paar Haaren am Ende", denn er hatte nur den Schwanz des Elefanten ertastet. Und der fünfte Weise berichtete seinem König: „Also ich sage, ein Elefant ist wie ein riesige Masse, mit Rundungen und ein paar Borsten darauf." Dieser Gelehrte hatte den Rumpf des Tieres berührt.

Nach diesen widersprüchlichen Äußerungen fürchteten die Gelehrten den Zorn des Königs, konnten sie sich doch nicht darauf einigen, was ein Elefant wirklich ist. Doch der König lächelte weise: „Ich danke Euch, denn ich weiß nun, was ein Elefant ist: Ein Elefant ist ein Tier mit einem Rüssel, der wie ein langer Arm ist, mit Ohren, die wie Fächer sind, mit Beinen, die wie starke Säulen sind, mit einem Schwanz, der einer kleinen Strippe mit ein paar Haaren daran gleicht und mit einem Rumpf, der wie eine große Masse mit Rundungen und ein paar Borsten ist."

Die Gelehrten senkten beschämt ihren Kopf, nachdem sie erkannten, dass jeder von ihnen nur einen Teil des Elefanten ertastet hatte und sie sich zu schnell damit zufrieden gegeben hatten.

Impuls für die Praxis

Diese Geschichte bietet sich als Metapher in verschiedenen Situationen an: Die Optimierung der Kooperation zwischen Verkauf und Backoffice, der Blick über den Tellerrand in der Strategietagung, die Unzufriedenheit im Team, weil nicht alle dieselbe fachliche Qualifikation und persönliche Leistungsfähigkeit haben.

Lassen Sie jeden Teilnehmer die Aufgabe, die Situation, die Planung aus seiner Sicht beschreiben. Es ist dann erkennbar, welche Übereinstimmungen und welche Gegensätze vorhanden sind. Das ist dann die Arbeitsgrundlage.

7.2 Irrtum ist möglich

Irrtum ist möglich

„Irren ist menschlich!" besagt ein altes Sprichwort. Wir Menschen wollen das manchmal nicht wahrhaben oder vergessen es einfach.

Erkenntnisse

> Ich denke, dass es einen Weltmarkt für vielleicht fünf Computer gibt.
> *Thomas Watson* (CEO von IBM, 1943)
>
> Die weltweite Nachfrage nach Kraftfahrzeugen wird eine Million nicht überschreiten – allein schon aus Mangel an verfügbaren Chauffeuren.
> *Gottlieb Daimler* (Erfinder, 1901)
>
> Denn eines ist sicher: die Rente.
> *Norbert Blüm* (Bundesminister, 1986)

Impuls für die Praxis

Zum Einstieg in eine Strategierunde lösen diese Zitate meist ein Schmunzeln aus. Auch heute schätzen Entscheider in der Wirtschaft zukünftige Entwicklungen ein, sind zu strategischen Überlegungen und vorausschauenden Entscheidungen aufgefordert. Ich erinnere gerne daran, dass wir uns in guter Gesellschaft befinden, sollte sich das eine oder andere Projekt als Irrtum oder Flop erweisen.

7.3 Tradition verstehen

Tradition verstehen

Veränderungsbereitschaft, Flexibilität sind schnell gefordert. Wie leicht fällt es Ihnen selbst, lieb gewonnene Gewohnheiten aufzugeben?

Apfelstrudel

Daniela und Paul sind frisch verheiratet und der erste große Familienbesuch steht ins Haus. Daniela will die Familie mit Apfelstrudel nach dem Rezept der Großmutter beeindrucken und Paul geht ihr motiviert zur Hand. Gemeinsam schälen und schneiden sie rotbackige Äpfel klein, mahlen frische Haselnüsse, ziehen klebrigen Strudelteig und befüllen ihn mit der herrlich duftenden Apfelmasse. Bevor der Strudel in den Backofen kommt, tut Daniela etwas, das Pauls Aufmerksamkeit auf sich zieht: Sie biegt den Strudel auf dem Blech in eine halbrunde U-Form. „Das hat Mama schon so gemacht", antwortet sie auf Pauls fragenden Blick.

Beim Kaffee plaudert Paul mit seiner Schwiegermutter. Die Frage nach der Strudelform kommt ihm in den Sinn. Die Schwiegermutter zuckt mit den Achseln: „Ich weiß nicht, das hat meine Mutter schon so gemacht!" Pauls Interesse ist endgültig geweckt. Das will er jetzt wissen! Paul setzt sich zu Danielas Großmutter. Auf die Frage nach der U-Form lacht die Großmutter laut auf: „Ach das, junger Mann! Das kann ich Ihnen erklären. Mein Backrohr war früher zu klein, um den Strudel der Länge nach darin zu backen. Und deshalb habe ich ihn einfach zurechtgebogen."

Impuls für die Praxis

Der Team-Workshop hat die Überschrift „Unterwegs zu neuen Zielen!" Der Gruppenleiter hat das Team über zwei Jahrzehnte geleitet und ist nun im Ruhestand. Die neue Gruppenleiterin will diese Chance nutzen, zusammen mit den Mitarbeitern Arbeitsabläufe zu überprüfen, zu optimieren und auch die Zusammenarbeit im Team zu reflektieren. Aus dem Vorgespräch weiß ich, dass mit etwas Widerstand gegenüber Veränderungen zu rechnen ist. Als ich die Geschichte erzähle, schmunzeln einige Mitarbeiter. Zwei Teilnehmer geben ein Beispiel aus dem persönlichen Umfeld zum Besten. Die Überleitung zum „Apfelstrudel" im Team fällt dann leicht. In der Theorie sind die Veränderungsmöglichkeiten schnell erfasst, entscheidend ist wie immer der Transfer in die Praxis.

7.4 Offen sein für Unbekanntes

Offen sein für Unbekanntes

Sehr oft sind wir in unserem Denken und Handeln beeinflusst von bisherigen Erfahrungen im Leben. Diese Erfahrungen können uns beim Lösen von Aufgaben unterstützen. Sie können uns allerdings auch in unserer Entwicklung „bremsen".

Mit dem Jeep in den Bergen oder „Schwein"

Meinen Mitarbeitern, bei Seminaren oder bei Vorträgen erzähle ich die Geschichte von der Jeep-Fahrt in den Bergen, um Sie auf Neues, vielleicht auch Ungewöhnliches vorzubereiten.

Stellen Sie sich vor, Sie sind den ganzen Tag in den Bergen gewandert. Das Wetter war schön, sehr heiß und die Wanderung dauerte länger als Sie erwartet haben. Nun laufen Sie Richtung Parkplatz und wissen, Sie müssen nur noch ein paar Kurven auf der Passstraße hinauffahren zu Ihrem Hotel. Sie freuen sich auf ein kühles Bier oder auf einen Kaffee mit Kuchen. Sie möchten gerne die Wanderschuhe ausziehen und die Füße ausstrecken.

Als Sie mit Ihrem Jeep eine der letzten Kehren der Passstraße nehmen wollen, kommt Ihnen ein rotes, offenes Cabrio mit einer Blondine entgegen. Sie schneidet Ihnen den Weg ab und schreit, als Sie an Ihnen vorbeirast: „Schwein!"

Nun frage ich die Teilnehmer, wie es ihnen gerade geht, was sie denken und was sie fühlen. Sehr oft kommen Bemerkungen wie: „Typisch Blondine, selber Schwein, Führerschein im Lotto gewonnen usw."

Nun, diese Geschichte endet anders als erwartet. Sie fahren verärgert weiter und fahren mit dem Auto nach der Kurve auf ein großes Wildschwein auf. Die Frau wollte Sie vor dem Wildschwein warnen. In ihrer Eile schrie sie nur noch „Schwein".

Impuls für die Praxis

Haben wir „Wanderer“ nur einfach Pech gehabt? Nein, mit unserer engen Wahrnehmung „rotes Cabrio – Blondine – Schwein“ haben wir die Chance verpasst, die Warnung richtig zu deuten.

Erfolgreiche Menschen richten ihren „Wahrnehmungstrichter“ offener aus, damit sie die vielen Hinweise und Signale erkennen und richtig deuten können.

Mit dieser Geschichte erreichen Sie, dass die Mitarbeiter offen werden für Neues, auch Unbekanntes und nicht sofort blockieren mit Aussagen wie: „Geht nicht, hat noch nie funktioniert.“ Nicht nur im Beruf, auch im privaten Bereich ist die positive Einstellung zu Neuem wichtig.

7.5 Veränderungen annehmen

Veränderungen annehmen

„Dinge ändern sich" – und das in immer kürzeren Zeitabständen. Prof. Vera F. Birkenbihl hat in einer wissenschaftlichen Studie gezeigt, dass sich heute das gesamte Wissen der Menschheit alle 4 bis 6 Jahre verdoppelt. In der Computertechnologie beträgt die Halbwertzeit des Wissens sogar nur 0,8 Jahre, eine beängstigend kurze Zeit. Zum Vergleich: Von Christi Geburt bis zum Mittelalter hat sich das Wissen der Menschheit innerhalb von 1500 Jahren verdoppelt.

Stufen

Wie jede Blüte welkt und jede Jugend
Dem Alter weicht, blüht jede Lebensstufe,
Blüht jede Weisheit auch und jede Tugend
Zu ihrer Zeit und darf nicht ewig dauern.
Es muß das Herz bei jedem Lebensrufe
Bereit zum Abschied sein und Neubeginne,
Um sich in Tapferkeit und ohne Trauern
In andre, neue Bindungen zu geben.
Und jedem Anfang wohnt ein Zauber inne,
Der uns beschützt und der uns hilft, zu leben.

Wir sollen heiter Raum um Raum durchschreiten,
An keinem wie an einer Heimat hängen,
Der Weltgeist will nicht fesseln uns und engen,
Er will uns Stuf' um Stufe heben, weiten.
Kaum sind wir heimisch einem Lebenskreise
Und traulich eingewohnt, so droht Erschlaffen,
Nur wer bereit zu Aufbruch ist und Reise,
Mag lähmender Gewöhnung sich entraffen.

Es wird vielleicht auch noch die Todesstunde
Uns neuen Räumen jung entgegen senden,

Des Lebens Ruf an uns wird niemals enden ...
Wohlan denn, Herz, nimm Abschied und gesunde!
Hermann Hesse

Impuls für die Praxis

Veränderungen zu akzeptieren und konstruktiv daran zu arbeiten, fällt vielen Menschen schwer. In Besprechungen wird viel Energie darauf verwendet, über die ständigen Veränderungen zu lamentieren, zu beweisen, dass Neuerungen „nichts bringen außer Ärger und Unzufriedenheit". Veränderungsprozesse sind immer auch mit Emotionen verbunden. Es ist klug, diesen Emotionen Raum zu geben. Der Diskussionsprozess wird von mir dann unterbrochen, wenn die Atmosphäre destruktiv ist, „Stimmungsmache" betrieben wird, eine „Meuterei" droht. Die Unterbrechung erreiche ich mit diesem Gedicht von Hermann Hesse. Danach steuere ich die Diskussion in eine konstruktive Bahn. Wir erarbeiten im Team zum Beispiel die hemmenden und fördernden Faktoren des Veränderungsprozesses.

7.6 „Normal" oder „verrückt"

„Normal" oder „verrückt"

Laut Duden bedeutet „normal": der Norm entsprechend, vorschriftsmäßig, gewöhnlich, üblich, durchschnittlich. Normal ist also das, was die Mehrheit der Menschen denkt oder tut. Ob dieses mehrheitliche Denken und Tun in unserer schnelllebigen Zeit nun immer sinnvoll ist, sei dahin gestellt.

Jonny modelliert den Kuhfladen

Jonny ging in eine Modelliergruppe der Sonderschule. Dort bekam er ein Stück Knetmasse und fing an, die Masse zu formen.

Die Lehrerin fragte ihn dabei: „Jonny, was hast du denn da in der Hand?" Darauf sagte Jonny: „Das ist ein Stück Kuhfladen." Die Lehrerin fragte weiter: „Was willst du damit machen?" Der Junge antwortete: „Ich mache eine Lehrerin."

Die Lehrerin sagte zu sich, „Jonnys Entwicklung hat sich weiter verschlechtert" und rief deshalb den Schulleiter dazu. Auch der Schulleiter fragte nun Jonny: „Was hast du denn in der Hand?" Dieser antwortete: „Einen Kuhfladen!" „Und was willst du mit dem Kuhfladen machen?" „Einen Schulleiter!", war die prompte Antwort.

„Das ist ein Fall für den Schulpsychologen", dachte sich der Schulleiter und ließ denselben kommen. Dieser war ein schlauer Bursche. Er ging zu dem Jungen und sagte: „Ich weiß, was du in der Hand hast." „Was denn?", fragte Jonny. „Einen Kuhfladen." Jonny schaute den Psychologen an: „Richtig!" „Und ich weiß auch, was du damit machen willst." Jonny schien das Gespräch Freude zu bereiten: „Was denn?" „Einen Psychologen!", kam die Antwort. Darauf antwortete Jonny: „Falsch, dafür reicht der Kuhfladen nicht."

Na, und diesen Jungen hielt man für geistig zurückgeblieben. Wer ist denn nun verrückt?

Vielleicht ist der einzige Grund, weshalb wir selbst nicht in der „Anstalt“ sind, dass es so viele von uns gibt?

Impuls für die Praxis

In unserer schnelllebigen Zeit kann es hilfreich sein, überholte Denkmuster und Verhaltensweisen loszulassen. Das fällt unterschiedlich leicht. Mit dieser Geschichte am Anfang eines Workshops oder einer Tagung erreiche ich, dass die Mitarbeiter und Teilnehmer auch „verrückte Dinge“ denken und aussprechen. Neue Wege werden dadurch schneller gefunden!

8 Mit Freude führen

8.1 Eine gemeinsame Vision

„Wer Visionen hat, sollte zum Arzt gehen." Diese Bemerkung von Helmut Schmidt wird immer wieder gerne zitiert, wenn es darum geht, das Thema *Unternehmenskultur* oder *Unternehmensleitlinien* als „Spielerei" zu bewerten. Dabei steht fest, dass es Visionen waren, die Menschen neue Kontinente entdecken, den Fuß auf den Mond setzen und das Penicillin entwickeln ließen.

Eine gemeinsame Vision

Die Signora Florenz hatte einen großen Marmorblock bestellt und einen Bildhauer beauftragt, daraus eine Figur zu meißeln. Entweder war der Bildhauer kein sehr großer Bildhauer, oder der Stein war schlecht gebrochen – der Bildhauer wusste mit dem Marmorblock nichts anzufangen. Er sah keine Möglichkeit, aus diesem Stein eine Figur herauszuholen.

Der David des Michelangelo

So lag der große Block herum. Die Versuche des hilflosen Bildhauers hatten ihm nicht gut getan. Andere Bildhauer kamen, schauten und gingen wieder. Mit diesem Stein war nichts mehr anzufangen. Eines Tages kam Michelangelo, der berühmte Maler und Bildhauer, in seine Geburtsstadt. Ob ihm der Stein aufgefallen war, oder ob man ihn darauf aufmerksam gemacht hatte – er begann sich mit ihm zu beschäftigen. Er schaute ihn an. Er schätzte seinen Umfang. Er maß ihn ab. Er überlegte. Immer deutlicher sah er vor sich im Stein die Figur, welche die Florentiner wünschten. Er sah den David, die Schleuder auf der Schulter, die Kieselsteine in der Hand, wie er gelassen und gelöst zum Kampf gegen Goliath ausschritt.

Die anderen sahen nur einen Steinblock, der unnötig und unbrauchbar im Weg lag. Michelangelo sah bereits den David.

Er sah ihn im verpfuschten Marmor. Er nahm Hammer und Meißel und begann zu arbeiten. Die Neunmalklugen lachten. Wussten sie doch, dass aus diesem Block nichts mehr werden konnte. Michelangelo aber meißelte. Während sie noch redeten, argumentierten und bewiesen, dass auch er scheitern werde, wuchs unter seinen Händen eine der größten Skulpturen der Welt.

Impuls für die Praxis

Das Projektteam hat die Konzeption für eine zentrale Unternehmensaufgabe erarbeitet. Sie kennen das möglicherweise auch, dass es in der Entwicklungsphase eines Projektes Höhen und Tiefen gibt. Es ist gelungen, den Spagat zwischen individuellen Wünschen und dem Machbaren zu bewältigen. Im Rahmen eines Infomarktes für die Mitarbeiter des Unternehmens wird das Ergebnis nun präsentiert und diskutiert. Natürlich ist es sowohl in der Projektphase als auch in der Transferphase nicht gelungen, allen Kritikern und skeptischen Menschen den Wind aus den Segeln zu nehmen. Unkenrufe wird es in solchen Situationen immer geben. Die Botschaft der Geschichte kam allerdings in den meisten Fällen an: Wir brauchen Phantasie, um das Ziel zu sehen – so, als ob es bereits realisiert wäre. Wir brauchen den Glauben daran, dass wir es schaffen können. Wir brauchen die Bereitschaft, wirklich zuzupacken und nicht nur darüber zu reden. Inzwischen schmunzle ich bei dem Einwand, der dann manchmal zu hören ist: „Ja, aber …“

8.2 Feedback geben

Feedback geben

Ob es die Zusammenarbeit im Team oder einen Veränderungsprozess betrifft: Auch wenn es gut läuft, sind Rückmeldungen und Bestätigungen für den nachhaltigen Erfolg sehr wichtig.

Das Denken bestimmt den Schwung

Bei dem Ski-Seminar „Das Denken bestimmt den Schwung" mussten die Teilnehmer zu zweit eine Aufgabe bewältigen. Ein Teilnehmer war „Führungskraft", ein anderer Teilnehmer war dessen „Mitarbeiter".

Auf einer glatten, breiten und leicht zu befahrenden Piste sollten „Führungskraft" und „Mitarbeiter" auf Skiern vom Startpunkt in das 500 m entfernte Ziel fahren. Nachdem sich die „Mitarbeiter" die Fahrstrecke angeschaut hatten, wurden ihnen die Augen verbunden. Obwohl alle Teilnehmer sichere Skifahrer waren, erzeugte die „Blindheit" sofort Unsicherheit.

Dann ging es los. Mitarbeiter und Führungskraft starteten, der „blinde Mitarbeiter" immer voraus, die „sehende Führungskraft" im kurzen Abstand hinterher, laut Anweisungen gebend. Bis auf einen der Teilnehmer kamen alle „blinden Mitarbeiter" gut am Ziel an.

Dieser Teilnehmer, der beste Skifahrer der Teilnehmergruppe, stürzte auf halber Strecke bei langsamem Tempo, riss sich die Binde von den Augen und musste erst einmal schauen, wo er war. Später wurde die Situation reflektiert. Warum konnte gerade der beste Skifahrer die leichte Strecke nicht zu Ende fahren?

Erkenntnis: Der vorausfahrende „blinde Mitarbeiter" hatte kurz nach dem Start nichts mehr von seiner „Führungskraft" gehört.

Die Unsicherheit wurde damit immer größer und er stürzte. Auf die Frage, warum denn die „Führungskraft“ keine Anweisungen gegeben habe, antwortete diese: „Warum sollte ich Rückmeldungen geben, er war ja auf dem richtigen Weg!“

Impuls für die Praxis

Es ist wichtig, sich selbst immer wieder motivieren zu können. Allerdings gilt es auch die Tatsache anzuerkennen, dass wir Menschen über eine sehr unterschiedlich ausgeprägte innere Motivation verfügen. Im Idealfall haben vor allem Menschen in einer Führungsposition diese Antriebskraft. Führungskräfte tun gut daran, zum einen die wesentlichen Motive ihrer Mitarbeiter kennen, zum anderen eine Vorstellung davon zu haben, wie kraftvoll diese innere Energiequelle bei den Mitarbeitern ist.

Ein weiterer Gedanke: Auch motivierte Menschen schätzen hin und wieder eine Rückmeldung zu ihrer Leistung. „Wie oft muss ich das denn noch sagen?“, höre ich von Führungskräften im Seminar oder im Beratungsgespräch immer wieder. „Solange Sie diese Mitarbeiter führen!“, ist dann meist meine Antwort.

Dieser Praxisbericht verdeutlicht die Situation auf sehr anschauliche Weise. Zumindest die Skifahrer unter den Zuhörern bei Vorträgen können das Erlebnis gut nachvollziehen.

8.3 Ziele oder Wünsche?

Ziele oder Wünsche?

Wer bewundert nicht Menschen, die Großes geleistet haben – ob in Unternehmen, im Sport oder in der Politik. Erfolgreiche Menschen sind begeistert von dem, was sie tun und sie verfügen über konkrete Vorstellungen von dem, was sie erreichen wollen.

Du hast drei Wünsche frei!

Paul schlenderte durch den Wald. Es war ein heißer Spätsommertag und er genoss die dämmrige Kühle. Während er so seinen Gedanken nachhing, hörte er plötzlich eine dumpfe Stimme: „Befreie mich, befreie mich!"

Er lauschte, versuchte die Richtung festzustellen, aus der die Stimme kam, und ging ein paar Schritte ins Unterholz. Nach wenigen Metern entdeckte er eine altertümliche, große dicke Flasche, die im Wurzelwerk einer mächtigen Tanne lag. Paul dachte unwillkürlich an die Märchen aus „Tausend und eine Nacht", als er sich entschloss, die Flasche aufzuheben und sie einmal näher anzuschauen. Er pustete den Staub von der Flasche und entfernte den Schmutz. In diesem Augenblick kam wieder die Stimme aus der Flasche: „Befreie mich. Wenn du mich befreist, hast du drei Wünsche frei!"

„Ich glaube es nicht", dachte Paul, „träume ich etwa?" Obwohl er eigentlich schon lange nicht mehr an Flaschengeister glaubte, öffnete er, ohne groß nachzudenken, die Flasche.

Es machte leise „Plopp". Die Flasche in seinen Händen begann plötzlich stark zu vibrieren und ein riesengroßer, in Nebel gehüllter Flaschengeist entwich mit einem freundlichen Lächeln und sagte, nun mit einer klaren, mächtigen Stimme: „Danke, dass du mich befreit hast. Nun mein Freund, wie lauten deine drei Wünsche?"

Hocherfreut und völlig überrascht dachte Paul an seine Wünsche. Dabei bemerkte er, dass er sich darüber noch nie konkrete Gedanken gemacht hatte. Dennoch sagte er begeistert von der Möglichkeit: „Mein erster Wunsch ist ein regelmäßiges monatliches Einkommen, ohne arbeiten zu müssen. Mein zweiter Wunsch ist, am schönsten Fleck der Welt zu sein. Mein dritter Wunsch ist, dass immer die Sonne scheint.

Der Geist lächelte, verneigte sich höflich und schnippte mit den Fingern. Paul bekam ab sofort regelmäßig und ohne zu arbeiten 50 Euro auf sein Konto. Er befand sich unvermittelt am schönsten Ort der Welt, einer wunderschönen, einsamen Insel mitten im Pazifik, umrahmt von türkisfarbenen Wellen und feinem Sand. Weit und breit gab es aber keine Bäume und keine Häuser. Die Sonne schien unerbittlich auf seinen Kopf.

Impuls für die Praxis

Im Seminar oder bei Arbeitssitzungen ist diese Geschichte eine treffsichere Einführung in das Thema Ziele. Die Frage nach persönlichen oder beruflichen Zielen wird häufig mit Aussagen beantwortet, die im Grunde Wünsche sind. „Ich möchte sportlicher werden!“, „Mir ist es wichtig, mein Gewicht zu reduzieren!“ oder „In diesem Jahr will ich erfolgreicher sein!“ sind Aussagen, die auf den Karten an der Pinnwand stehen. Erzählen Sie dann die Geschichte und Sie sind mitten im Thema. Die Zuhörer erkennen die Verbindung zu Paul. Manche fragen auch nach der Bedeutung des Flaschengeistes. Der Flaschengeist ist unser Unterbewusstsein. Wir können unserem Unterbewusstsein (Flaschengeist) ganz genau und konkret sagen, was wir wollen. Ziele brauchen konkrete Aussagen (schriftlich, messbar, zeitliche Orientierung, positiv formuliert) und Aktivitäten. Dann ist auch unser Unterbewusstsein gerne bereit mitzuwirken.

„Der Wunsch ist eine bestimmte Vorstellung über einen Zustand, der in der Zukunft liegt, den ich gerne hätte, für den ich aber bewusst nichts tue.“ Viel mehr müssen Sie den Mitarbeitern oder Seminarteilnehmern dann nicht mehr erläutern.

8.4 Wertschätzung tut allen gut

Wertschätzung tut allen gut

Wertschätzung bezeichnet die positive Bewertung einer anderen Person. Basis ist die innere Haltung anderen Menschen gegenüber. Wertschätzung betrifft meist eine Person als Ganzes und ist eher unabhängig von einer konkreten Leistung. Wobei Leistungen eines Menschen die subjektive Einschätzung und damit auch die Wertschätzung natürlich beeinflussen. Wertschätzung hängt immer auch mit Selbstwert zusammen: Menschen mit hohem Selbstwert haben öfter eine wertschätzende Haltung anderen gegenüber, werden öfter von anderen wertgeschätzt. Wertschätzung stärkt das Selbstwertgefühl aller Beteiligten.

Und dennoch ist es in der Praxis so, dass viele Menschen weniger Wertschätzung erhalten, als sie gerne hätten. Sie erhalten diese Form von Zuwendung von anderen nicht, meist jedoch auch von sich selbst wenig. Dabei tut Wertschätzung uns doch allen gut.

Nur mit dem Herzen sieht man gut …

Eines Tages bat eine Lehrerin ihre Schüler, die Namen aller anderen Schüler der Klasse auf ein Blatt Papier zu schreiben und ein wenig Platz neben den Namen zu lassen. Dann sagte sie zu den Schülern, sie sollten überlegen, was das Netteste ist, das sie über jeden ihrer Klassenkameraden sagen können und das sollten sie neben die Namen schreiben. Es dauerte die ganze Stunde, bis jeder fertig war und bevor sie den Klassenraum verließen, gaben sie ihre Blätter der Lehrerin. Am Wochenende schrieb die Lehrerin jeden Schülernamen auf ein Blatt Papier und daneben die Liste der netten Bemerkungen, die ihre Mitschüler über den Einzelnen aufgeschrieben hatten. Am Montag gab sie jedem Schüler seine persönliche Liste. Schon nach kurzer Zeit lächelten alle. „Wirklich?“, hörte man flüstern. „Ich wusste gar nicht, dass ich irgendjemandem was bedeute!“

und „Ich wusste nicht, dass mich andere so mögen“, waren die Kommentare. Niemand erwähnte danach die Listen wieder. Die Lehrerin wusste nicht, ob die Schüler sie untereinander oder mit ihren Eltern diskutiert hatten, aber das machte nichts aus. Die Übung hatte ihren Zweck erfüllt. Die Schüler waren glücklich mit sich und mit den anderen.

Einige Jahre später war einer der Schüler gestorben und die Lehrerin ging zum Begräbnis dieses Schülers. Die Kirche war überfüllt mit vielen Freunden. Einer nach dem anderen, der den jungen Mann geliebt oder gekannt hatte, ging am Sarg vorbei und erwies ihm die letzte Ehre. Die Lehrerin ging als letzte und betete vor dem Sarg. Als sie dort stand, sagte einer der Anwesenden, die den Sarg trugen, zu ihr: „Waren Sie Marks Mathelehrerin?“ Sie nickte: „Ja“. Dann sagte er: „Mark hat sehr oft von Ihnen gesprochen.“ Nach dem Begräbnis waren die meisten von Marks früheren Schulfreunden versammelt. Marks Eltern waren auch da und sie warteten offenbar sehnsüchtig darauf, mit der Lehrerin zu sprechen. „Wir wollen Ihnen etwas zeigen“, sagte der Vater und zog eine Geldbörse aus seiner Tasche. „Das wurde gefunden, als Mark verunglückt ist. Wir dachten, Sie würden es erkennen.“ Aus der Geldbörse zog er ein stark abgenutztes Blatt, das offensichtlich zusammengeklebt, viele Male gefaltet und auseinandergefaltet worden war. Die Lehrerin wusste ohne hinzusehen, dass dies eines der Blätter war, auf denen die netten Dinge standen, die seine Klassenkameraden über Mark geschrieben hatten. „Wir möchten Ihnen so sehr dafür danken, dass Sie das gemacht haben“, sagte Marks Mutter. „Wie Sie sehen können, hat Mark das sehr geschätzt.“ Alle früheren Schüler versammelten sich um die Lehrerin. Charlie lächelte ein bisschen und sagte: „Ich habe meine Liste auch noch. Sie ist in der obersten Schublade in meinem Schreibtisch“. Die Frau von Heinz sagte: „Heinz bat mich, die Liste in unser

Hochzeitsalbum zu kleben." „Ich habe meine auch noch", sagte Monika. „Sie ist in meinem Tagebuch." Dann griff Irene, eine andere Mitschülerin, in ihren Taschenkalender und zeigte ihre abgegriffene und ausgefranste Liste den anderen. „Ich trage sie immer bei mir", sagte Irene und meinte dann: „Ich glaube, wir haben alle die Listen aufbewahrt." Die Lehrerin war so gerührt, dass sie sich setzen musste und weinte. Sie weinte um Mark und für alle seine Freunde, die ihn nie mehr sehen würden.

Impuls für die Praxis

Im Team-Workshop werden als Grundlagen für eine funktionierende Zusammenarbeit meist Begriffe wie zum Beispiel Respekt, Vertrauen, Achtung, Wohlwollen und Anerkennung genannt. Stichworte, die auch in Verbindung mit Wertschätzung stehen. Darin sind sich alle Teilnehmer schnell einig. Für die Praxis ist es entscheidend, dann konkret zu werden. Die praktische Übung leite ich mit der Geschichte ein und bitte alle Beteiligten, nun selbst einen Zettel vorzubereiten und zu allen Kollegen etwas Wertschätzendes aufzuschreiben. Der Einstieg ist nicht immer einfach, viele denken zum ersten Mal so konkret über die anderen im Team arbeitenden Menschen nach. Es fällt manchmal auch schwer, einem Kollegen, den man eigentlich eher unsympathisch findet, etwas Nettes mitzuteilen. Die Notizen werden ausgetauscht, und auch wenn nicht darüber gesprochen wird, die Arbeitsatmosphäre ist danach offener und aufmerksamer.

Für Wertschätzung sind nicht nur Führungskräfte verantwortlich, auch Kollegen im Team können sich wertschätzend begegnen.

8.5 Toll, ein anderer macht's

Toll, ein anderer macht's

Team = Toll, ein anderer macht's! Diese Definition macht ein Team auf Dauer ganz bestimmt nicht erfolgreich.

Auch mit der neutralen Beschreibung aus dem Wörterbuch werden wir der Vielschichtigkeit von Teamarbeit nicht gerecht: „**Team** (ti:m) *das; -s (engl.)*: Gruppe von Personen, die mit der Bewältigung einer gemeinsamen Aufgabe beschäftigt ist."

Die Wildgänse

Jedes Frühjahr und jeden Herbst sehen wir die pfeilförmigen Flugformationen der Wildgänse am Himmel. Wissenschaftler haben herausgefunden, dass jeder Flügelschlag Aufwind schafft, den der nachfolgende Vogel nutzt. Wenn Gänse in Formation fliegen, vergrößert sich ihre Flugleistung im Vergleich zur Reichweite eines einzelnen Vogels um mehr als 70%.

> *1. Erkenntnis*: Menschen erreichen Ziele schneller und leichter, wenn sie sich gegenseitig nach Kräften unterstützen.

Wann immer eine Wildgans die Formation verlässt, spürt sie den erhöhten Luftwiderstand und kehrt sofort in die Formation zurück, um die Aufwinde der vorausfliegenden Vögel zu nutzen.

> *2. Erkenntnis*: Wie die Wildgänse sollten auch wir mit *den* Menschen zusammenarbeiten, die das gleiche Ziel wie wir selbst verfolgen.

Wenn eine an der Spitze der Formation fliegende Wildgans müde wird, lässt sie sich an das Ende zurückfallen, während die unmittelbar hinter ihr fliegende Gans die Führung übernimmt.

> *3. Erkenntnis*: Bei schwierigen Aufgaben sollten Höchstbelastungen zwischen den Mitgliedern des Teams wechseln.

Wildgänse, die in der Formation hinten fliegen, schreien, um die vorne fliegenden Vögel anzufeuern.

> *4. Erkenntnis*: Wir sollten immer darauf achten, was wir den Leistungsträgern des Teams zur Motivation von den hinteren Reihen aus zurufen. Ihre Leistung ist unsere Leistung.

Wenn eine Wildgans krank wird oder von der Kugel eines Jägers getroffen wird, verlassen zwei gesunde Vögel die Formation, um dem schwachen zu helfen. Sie bleiben bei ihrem Artgenossen, bis der sich entweder erholt hat oder verendet ist.

> *5. Erkenntnis*: Die Mitglieder eines Teams stehen füreinander ein. Zumindest dann, wenn sie soviel Verstand haben wie Wildgänse.

Impuls für die Praxis

Im Team gibt es unterschiedliche Rollen. Alle sind wichtig und haben eine Funktion. Menschen sind außerdem unterschiedlich leistungsfähig. Dies zu akzeptieren fällt in Teams manchmal schwer. Daran erinnere ich mit dieser Geschichte in Teambesprechungen und Team-Workshops. Denn es gibt Situationen, da gibt es keine Argumente mehr. Da gilt es das zu akzeptieren, was ist. Machen Sie eine kurze Pause, damit die Geschichte ihre Wirkung entfalten kann. Ich habe auch gute Erfahrungen damit gemacht, wenn ich den Text am Ende der Veranstaltung – als Fazit – vorlese.

8.6 Anerkennung motiviert

Anerkennung motiviert

Anerkennen setzt *Erkennen* voraus. Erkennen ist die Basis für Kritik und Wertschätzung. Beides ist eine wesentliche Voraussetzung für die persönliche Entwicklung und damit für den Erfolg von Menschen.

Ganz viel Klatschen

Es war ein herrlicher Sommertag. Eva hatte zum Geburtstag ihr erstes, großes Fahrrad bekommen und wollte es natürlich sofort ausprobieren. Als fürsorglicher Vater hatte Peter es ihr erst einmal vorgemacht. Danach wollte sie es selbst ausprobieren und er hatte sie dabei gehalten. So waren die beiden gemeinsam auf dem Weg im Garten unterwegs, Eva radelte, Papa rannte nebenher und stützte sie.

Dann wurde Eva ungeduldig, sie wollte jetzt alleine, ohne Festhalten mit dem Rad fahren. Ja, Peter musste zugeben, sie hatte den Dreh schon raus und radelte ohne Hilfe um den begeistert in die Hände klatschenden, stolzen Papa.

Eva wurde schnell sicherer und mutiger. Peter sah seiner Tochter noch eine Weile zu, klatschte nach jeder Runde begeistert Applaus und widmete sich schließlich wieder seiner Gartenarbeit. Eva übte weiter, doch nicht mehr ganz so freudig, wie Peter aus dem Augenwinkeln feststellen konnte. Schließlich ließ sie es ganz sein, stieg vom Rad und schob es zu ihm. „Papa", sagte sie, „ich kann das Radfahren, aber ich brauche ganz viel Klatschen."

Impuls für die Praxis

Arbeitsabläufe in Unternehmen ändern sich oft häufiger und rascher, als es den meisten Mitarbeitern lieb ist. Veränderungsprozesse können günstig beeinflusst werden, wenn wir die Motive von Menschen berücksichtigen. Nach anfänglichen Widerständen werden Veränderungen meist von vielen Mitarbeitern akzeptiert und in den Alltag integriert. Es kann allerdings geschehen, dass nach ersten Erfolgen Mitarbeiter wieder „in die alte Rille" rutschen. Der Grund: Immer wieder versäumen es Führungskräfte, die nachhaltige und konsequente Realisierung von Veränderungen wahrzunehmen und anzuerkennen. Positive Bestätigung ist bei vielen Menschen ein mächtiges Motiv.

Ich setze diese Geschichte in Besprechungen mit Bereichsleitern ein, die Mitarbeiter in der Funktion als Abteilungs-, Gruppen- oder Filialleiter führen. In der Reflexion von Projekten kann auf diese Weise ein Impuls gesetzt werden.

Es ist der Geschäftsleitung wichtig, dass das Changemanagement-Projekt konsequent realisiert wird. Neben Projektcontrolling ist ein weiterer Aspekt von entscheidender Bedeutung: Die Motivation der Mitarbeiter. Dazu eine Geschichte.

Sprechen Sie nun mit Ihren Mitarbeitern über Motivation. Viele Projekte werden nur halbherzig realisiert oder „verlaufen schnell im Sand". Woran könnte unser Projekt scheitern? Was kann ich tun, um motivierende Rahmenbedingungen zu schaffen? Was muss ich als Führungskraft lassen, um Demotivierung zu vermeiden? Wie stellen Sie sich die gemeinsame Erfolgskontrolle vor? Was werden Sie tun, um das Projekt erfolgreich in der Praxis umzusetzen?

9 Erfolgreich verkaufen

9.1 Persönlichkeit vor Taktik

Persönlichkeit vor Taktik

Taktiken für das erfolgreiche Verkaufs- und Verhandlungsgespräch gibt es in großer Zahl. Erfolg haben Sie dann damit, wenn die Ausgangsbasis stimmt: Die Taktik passt zur Persönlichkeit des Verkäufers und berücksichtigt die Bedürfnisse des Kunden. Dann holen Sie Ihren Gesprächspartner an der Stelle ab, an der er sich emotional oder geistig befindet. Dies vermeidet auch, dass das eigene Denken und Handeln auf den Gesprächspartner projiziert wird. So wird Ihr Verhandeln in Verkauf und Führung erfolgreich sein.

Erfolgloser Liebhaber

Ein Mensch wollt sich ein Weib erringen,
Doch leider konnt's ihm nicht gelingen.
Er ließ sich drum, vor weitern Taten,
Von Frau'n und Männern wohl beraten:
"Nur nicht gleich küssen, tätscheln, tappen!"
"Greif herzhaft zu, dann muss es schnappen!"
"Lass deine ernste Absicht spüren!"
"Sei leicht und wahllos im Verführen!"
"Der Seele Reichtum lege bloß!"
"Sei scheinbar kalt und rücksichtslos!"
Der Mensch hat alles durchgeprobt,
Hat hier sich ehrenhaft verlobt,
Hat dort sich süß herangeplaudert,
Hat zugegriffen und gezaudert,
Hat Furcht und Mitleid auferweckt,
Hat sich verschwiegen, sich entdeckt,
War zärtlich kühn, war reiner Tor,
Doch wie er's machte – er verlor.
Zwar stimmte jeder Rat genau,

Doch jeweils nicht für jede Frau.
Eugen Roth

Impuls für die Praxis

Ein Gedicht vorzutragen, ist für Gesprächsrunden mit Führungskräften oder Verkäufern nicht alltäglich. Die Überraschung sichert Ihnen Erstaunen, Schmunzeln, aufmerksames Zuhören. Lernen Sie das Gedicht von Eugen Roth am besten auswendig. Dann ist die Wirkung – unterstrichen von entsprechender Gestik und Mimik – noch größer. Die verkäuferische Aufgabe von Führungskräften und Beratern darf mehr Leichtigkeit und Spiel erfahren. Die Überleitung zum „ernsthaften" Arbeiten gelingt zum Beispiel mit der Reflexion der markanten eigenen Persönlichkeitsmerkmale. Viele Verkäufer können ihre drei größten Stärken spontan oft gar nicht nennen. Ich konnte auch feststellen, dass Teilnehmer ganz unterschiedliche Passagen des Gedichtes als für sich relevant und aussagekräftig empfanden. Lassen Sie Ihre Teilnehmer oder Mitarbeiter darüber sprechen. Die Erkenntnisse für den beruflichen Aufgabenbereich ergeben sich aus der Diskussion und können zum Abschluss in einer Zusammenfassung dokumentiert werden.

9.2 Begeisterung gewinnt

Begeisterung gewinnt

Wenn wir von einer Aufgabe oder einem Thema begeistert sind, dann ist uns nichts zuviel, wir engagieren uns gerne. Dieses Engagement bringt dann Erfolg und Freude mit sich, gibt uns Energie und erhält gesund.

Der Taxifahrer

Unlängst hatte ich einen wunderschönen Traum. Ich musste zum Flughafen und hatte ein Taxi bestellt. Bereits fünf Minuten vor der vereinbarten Zeit stand der Wagen vor der Haustür. Als ich aus dem Haus trat, sah ich, dass das Taxi frisch gewaschen und auf Hochglanz poliert war. Als mich der Fahrer kommen sah, stieg er aus und kam mir entgegen. Er trug ein weißes Hemd, eine Krawatte und hatte gebügelte Hosen an. „Ich bin Hans Huber, Ihr Taxifahrer", begrüßte er mich. „Sie sind der Herr, den ich zum Flughafen fahren darf?" „Der bin ich", sagte ich und stieg ein. Der Taxifahrer hatte mir vorher die hintere Tür auf der Beifahrerseite geöffnet. Gleichzeitig sagte er zu mir: „Steigen Sie bitte ein, ich werde Ihr Gepäck sorgfältig im Kofferraum verstauen. Ist etwas dabei, auf das ich besonders aufpassen soll?" Als ich mit Nein antwortete, schloss er die Tür hinter mir und verstaute das Gepäck. Das Innere des Taxis war genauso sauber wie das Äußere. Kein Geruch kalten Zigarettenrauches störte mich. „Ich habe die Klimaanlage angestellt", sagte der Taxifahrer. „Ist Ihnen das recht?" „Ja, wunderbar", antwortete ich. „Wann geht denn Ihr Flug?", fragte er weiter, während er den Motor startete. Als ich ihm die Zeit nannte, fuhr er fort: „Das passt wunderbar, wir werden in etwa 30 Minuten am Flughafen sein, so dass Sie ohne Eile einchecken können." Nachdem er losgefahren war, sprach er mich wieder an. „Wenn Sie Radio hören möchten, sagen Sie mir bitte Bescheid. Ich stelle gerne Ihren Lieblingssender ein. Sie können aber auch eine von meinen CDs aussuchen. Ich habe eine gute Auswahl, vieles von Rock bis Klassik. In der Tasche vor Ihnen finden Sie zwei aktuelle Zeitungen und einige Zeitschriften, sollten Sie lesen wollen. Ansonsten werde ich Sie nun in Ruhe lassen. Wenn Sie etwas möchten oder brauchen, sagen Sie es mir bitte."

Dann bin ich aufgewacht. Ich musste zum Flughafen. Das bestellte Taxi kam drei Minuten später als zum vereinbarten Zeitpunkt. Es war schmutzig, innen waren Löcher im Sitzpolster, es stank nach kaltem Zigarettenrauch, allerlei Dinge lagen herum. Der Fahrer knallte mein Gepäck in den Kofferraum, der ebenfalls schmutzig und mit privaten Gegenständen beladen war. Der Fahrer war missmutig und unfreundlich.

Ich hatte halt wieder einmal Pech gehabt. Meistens sind die Taxifahrer ja recht nett und die Fahrt zufriedenstellend. Aber wenn ich so einen Taxifahrer wie Hans Huber hätte ...

Impuls für die Praxis

In einem Handwerksbetrieb hatte ich den Auftrag, in Workshops die Service- und Kundenorientierung der Kundendienstmonteure zu fördern. Zugegeben, die Monteure waren etwas überrascht, als ich die erste Besprechungsrunde mit dieser Geschichte begann. Wie fast immer, war es allerdings auch bei diesen Teilnehmern so, dass sie die Botschaft der Geschichte aus eigener Erfahrung betätigen konnten. Damit waren wir mitten im Thema. Der Transfer vom kalten Zigarettenrauch im Taxi zur qualmenden Zigarette im Mundwinkel des Monteurs war leicht.

9.3 Preisgespräch mal anders

Das Gesetz der Wirtschaft verbietet es, für wenig Geld viel Wert zu erhalten.
John Ruskin

Preisgespräch mal anders

Freude an der Arbeit

Ein Kaufmann aus Mexiko City wollte Freunde auf ihrer Hazienda besuchen. Es war eine mühsame Reise, denn die Straße war schlecht. Erschöpft kam der Kaufmann endlich im Hochland an den Rand des kleinen Dorfes und nahm sich vor, hier Rast zu machen. Da sah er einen Indio, der vor seiner Hütte saß und einen Korb flocht. Er arbeitete mit viel Geschick und verstand es auch noch obendrein, sein Produkt mit mehrfarbigen und feinen Mustern zu versehen. Das Ergebnis konnte sich wirklich sehen lassen.

Dem Kaufmann gefiel der Korb, und er fragte nach dem Preis. „50 Pesos, Senor", antwortete der Mann. Das war billig und schon regte sich der Geschäftssinn unseres Kaufmannes. Er rechnete sich aus, dass er mit solchen Körben bei den Touristen in der Stadt beachtlichen Gewinn erzielen könnte. „Und was würden 20 Körbe kosten?", fragte er den Korbflechter. „100 Pesos das Stück, Senor", war die Antwort.

„Moment mal", protestierte der Kaufmann, „wenn ich dir so viele Körbe abnehme, müssten sie doch billiger sein. Du aber verlangst den doppelten Preis." Da lächelte der Indio und sprach: „Senor, einen Korb machen, das ist Freude und Vergnügen. Aber 20 Körbe machen, ist keine Freude, sondern viel, viel Arbeit."

Impuls für die Praxis

In der Verhandlung über einen neuen Auftrag wird natürlich auch über die finanzielle Investition gesprochen. Insbesondere dann, wenn ein großer Auftrag Inhalt von Verhandlungen ist, wird gerne über einen „Mengenrabatt“ gesprochen. „Kontern“ Sie erfolgreich mit der Geschichte des Korbflechters. Die meisten Gesprächspartner reagieren überrascht und oft zustimmend nickend. Meine Erfahrung: Es entsteht eine konstruktive Gesprächsatmosphäre, ohne die bekannten verkaufstaktischen Formulierungen.

9.4 Manchmal braucht es Mut

Manchmal braucht es Mut

Manche Menschen wollen möglichst nicht auffallen, schon gar nicht durch ein ungewöhnliches Verhalten oder eine Situation, über die andere lachen. Unangenehme Erlebnisse sind nicht immer zu vermeiden. Ob ein Erlebnis als unangenehm oder sogar als peinlich empfunden wird, ist allerdings unsere persönliche Bewertung. Manchmal braucht es eben auch Mut, über sich selbst zu lachen.

Das Feuerwerk

Marianne und Armin trafen sich mit Freunden und Bekannten Silvester kurz vor Mitternacht zum gemeinsamen Start in das neue Jahr auf dem Marktplatz der Stadt. Es war gut, dass sie einen Treffpunkt vereinbart hatten, denn auf dem Markplatz waren bestimmt schon 300 Menschen versammelt. Es herrschte eine fröhliche, ausgelassene Atmosphäre. Die Menschen waren in kleinen und großen Gruppen im Gespräch – es gab kaum jemanden, der alleine da war. Die ersten Korken knallten, die Raketen, Böller und anderes Feuerwerk in den mitgebrachten Tüten wurde begutachtet. In der Mitte des Marktplatzes am Brunnen hatte sich kurz vor 24.00 Uhr wie von selbst ein freier Bereich gebildet. Dort standen Bierkästen, leere Flaschen als „Abschussrampen" für das Feuerwerk. Nun war es soweit, die Kirchenglocken kündigten das neue Jahr an. Die Menschen umarmten sich, weitere Korken knallten und alles prostete sich zu, wünschte sich ein gutes, neues Jahr. Nach wenigen Sekunden flogen schon die ersten Raketen in den Himmel und die ersten Böller explodierten. Der Reihe nach trat jeder in die Mitte, der Feuerwerkskörper dabei hatte. Vor allem das Feuerwerk der Raketen wurde ausgiebig bejubelt und bestaunt. Dann entschloss sich Armin, in die Mitte zu gehen. Hilde hatte ihm ihr Päckchen mit Raketen in die Hand gedrückt – sie traute sich nicht, in die Mitte zu gehen. Mit dem Feuerzeug zündet

Armin die Zündschnur, ging rasch ein paar Schritte zurück, um sich in Sicherheit zu bringen. Auch jetzt schauten die Menschen interessiert zu, für einen kurzen Moment war es fast still auf dem Platz. Alles starrte auf das kleine Paket, die glimmende Zündschnur war bereits darin verschwunden. Es musste gleich losgehen.

Dann platzte die Schachtel mit einem leisen „Plopp" auf und es schossen drei kleine Zylinder, bunte Papierkugeln, Luftschlangen und ein kleines rosa Schweinchen 30 cm in die Luft. Atemlose Stille, Armin blieb völlig überrascht in der Mitte des Platzes stehen ... und dann setzte der größte Jubel ein, den ein Feuerwerk an diesem Abend bisher erhalten hatte. Armin verbeugte sich gelassen und ging unter dem frenetischen Beifall zu seinen Freunden zurück.

Hilde schwor ihm bei allem was ihr lieb ist, nicht gewusst zu haben, dass ihr Päckchen ein Tischfeuerwerk war.

Impuls für die Praxis

Zu den Aufgaben von Verkäufern in Sparkassen und Banken zählt es, Kunden telefonisch und persönlich anzusprechen und zum Beispiel für einen Beratungstermin zu gewinnen. Je nach persönlichen Neigungen und Fähigkeiten fällt diese Aufgabe manchen Kundenberatern schwer. Im Gespräch ist immer wieder herauszuhören, dass eine peinliche Situation befürchtet wird, wenn ein Kunde mürrisch oder ablehnend reagiert, möglicherweise von negativen Erfahrungen berichtet.

An die aktive Ansprache von Kunden muss immer wieder erinnert werden. Versuchen Sie es mit dieser wahren Geschichte. In der Besprechung nach dem Erzählen waren sich die Zuhörer bisher meist einig, dass das geschilderte Erlebnis lustig, aber doch eigentlich nicht peinlich sei. Wir sprechen dann auch über die Fragen: Was ist dem Einzelnen peinlich? Was bedeutet es, etwas Peinliches zu tun? Wer entscheidet darüber, ob ein Verhalten peinlich ist? Wie verhalte ich mich bei der Ansprache von Kunden, um peinliche Situationen zu vermeiden?

9.5 Die Balance ist wichtig

Die Balance ist wichtig

Verkaufen wird oft mit dem Bild verbunden, dass der eine Geschäftspartner sich zu Lasten des anderen Geschäftspartners Vorteile verschafft. Langfristig kann das nicht funktionieren. Verkaufen hat mit Geben und Nehmen zu tun. Erfolg auf Dauer wird der Mensch haben, der nicht nur immer etwas „rausziehen" will, sondern auch bereit ist, etwas einzubringen.

Pauline

Pauline war eine lebenslustige, 65-jährigeWitwe, und da sie nicht alleine in ihrem großen einsamen Haus leben mochte, zog sie nach dem Tode ihres Mannes in eine Seniorenwohnanlage. Schon nach kurzer Zeit war Pauline bei allen Mitbewohnern sehr beliebt, denn sie organisierte Tanznachmittage, Kaffeekränzchen und Videoabende. Sie brachte ganz viel an eigener Initiative in die Gemeinschaft ein, ohne gleich zu überlegen: „Was bringt es mir?"

Als sie 70 Jahre alt wurde, bekam sie von der Gemeinschaft vieles zurück, denn die Mitbewohner organisierten nun für sie und alle Mitbewohner ein großes Geburtstagsfest. Pauline genoss ihren Geburtstag und die Feier. Ganz am Ende der langen Festtafel saß dabei ein älterer, feiner Herr, den Pauline noch nicht kannte, der ihr aber sehr gut gefiel. Immer öfter schaute sie den Herrn an. Am Ende der Feier nahm Pauline ihr Herz in die Hand und sprach den Herrn direkt an: „Entschuldigen Sie, dass ich Sie die ganze Zeit angesehen habe, aber Sie sehen aus wie mein dritter Mann." Der Herr erwiderte verdutzt: „Pauline, wie oft waren Sie denn schon verheiratet" und sie antwortete lächelnd: „Zweimal."

Zwei Monate später läuteten die Hochzeitsglocken!

Impuls für die Praxis

Pauline beherzigte drei Dinge, die für den nachhaltigen Erfolg auch beim Verkaufen wichtig sind:

1. Bringe dich in die Gemeinschaft ein, ohne immer gleich zu fragen, was es dir bringt!
2. Wenn du eine Gelegenheit hast, dann warte nicht lange, nimm dein Herz in die Hand und sprich die Menschen an. Tue es!
3. Wenn du jemanden ansprichst, dann versuche es mit Charme oder Witz!

Über Jahre erfolgreiche Verkäufer bestätigen dieses Prinzip. Es klingt selbstverständlich, ist es allerdings für viele im Verkauf und Service arbeitenden Menschen nicht. Es klingt logisch und einfach, viele praktizieren es aber nicht. Meine Erfahrungen in Workshops und beim Coaching zeigen, dass es sich lohnt, mit Mitarbeitern auf diese Art und Weise über das Thema Verkaufen zu sprechen. Lassen Sie die Teilnehmer die Kernaussagen im Gespräch herausfinden und dann in die eigene Praxis am Arbeitsplatz übertragen. Es gibt in allen Branchen Möglichkeiten, konkrete Beispiele herauszuarbeiten und zu trainieren.

Zu guter Letzt

Es gibt unzählig viele Geschichten. In diesem Buch ist eine Sammlung der Geschichten enthalten, die wir bei unserer Arbeit einsetzen. Wir wünschen Ihnen den Mut, diese Geschichten in Ihrer Zusammenarbeit mit Menschen zu integrieren. Darüber hinaus noch ein weiterer Gedanke: Sie selbst lesen oder erleben auch Geschichten. Wenn es uns gelungen ist, Sie für Ihre Geschichten zu sensibilisieren, freut uns das.

Eine der kürzesten Verkaufsgeschichten nun zum Schluss. Sie ist auf einem hölzernen Schild an einem Gasthaus in den Alpen zu lesen.

„Essen Sie hier - sonst verhungern wir beide!“

Quellen

1 Positiv leben

Konzentration auf das Wesentliche: Christian Tschepp & Susanne Schinagl: *Die Hummel, Ein stiller Kletterer,* © Junfermannsche Verlagsbuchhandlung Paderborn 2007
Loslassen können: Autor der Geschichte unbekannt *)
Nimm dich, wie du bist und werde, der du werden kannst: Autor der Geschichte unbekannt *)
Theorie und Praxis: SWR3 *Gedanken,* Sendetext am Mittwoch, 26. November 2008, Dr. Peter Kottlorz, Rottenburg, Katholische Kirche
Seine Träume leben: Nach einer Erzählung von Wolfram Walter © Wolfram Beschle
Vorbild sein: Robert Fulghum: *Alles, was Du wirklich wissen musst, hast Du schon als Kind gelernt,* Goldmann Verlag 1989, © Agentur Mohrbooks, Zürich
Manchmal ist es einfach: Christian Tschepp & Susanne Schinagl: *Die Hummel, Die Welt in Ordnung bringen,* © Junfermannsche Verlagsbuchhandlung, Paderborn 2007
Hoffnung bewahren: Autor der Geschichte unbekannt *)
Entscheidungen treffen: Autor der Geschichte unbekannt *)
Mit Freude mehr erreichen: Mascha Kaléko: *In meinen Träumen läutet es Sturm.* © 1977 Deutscher Taschenbuch Verlag, München

2 Wachrütteln

Verantwortung für sich übernehmen: Christian Tschepp & Susanne Schinagl: *Die Hummel, Kampf der Wölfe,* © Junfermannsche Verlagsbuchhandlung, Paderborn 2007
Kenner oder Könner?: Autor der Geschichte unbekannt *)
Mit Niederlagen umgehen: Mathias Köthe: *Leidenschaft siegt, Never give*

up!, © 2006, Kösel-Verlag, München, in der Verlagsgruppe Random House GmbH

Zeit für das Wesentliche: Der Christian Tschepp & Susanne Schinagl: *Die Hummel, Manchmal wünsch ich mir …,* © Junfermannsche Verlagsbuchhandlung, Paderborn 2007

Zu seiner Verantwortung stehen: Nach einer Erzählung von Anthony de Mello, *Über das Wachwerden*, aus: Ders., *Der springende Punkt*, S. 13/14, © Verlag Herder GmbH, Freiburg i. Breisgau, 6. Auflage 2008

Perspektive wechseln: Autor der Geschichte unbekannt *)

3 Aktiv sein

Initiative ergreifen: Autor der Geschichte unbekannt *)

Aktiv sein: Wolf W. Lakso/Iris Seim: *Die WOW Präsentation, Der Seiltänzer,* © Verlag Dr. Th. Gabler, Wiesbaden 2002

Zivilcourage beweisen: Autor der Geschichte unbekannt *)

Das Tun entscheidet über den Erfolg: Nach einer Erzählung von Vera F. Birkenbihl in *Story Power, Morse-Operateur in New York,* © FinanzBuch Verlag, München

4 Miteinander sprechen

Die Distanz macht den Unterschied: Autor der Geschichte unbekannt *)

Achtsame Kommunikation: Erzählung nach Sokrates

Erfolgreiche Kommunikation: Autor der Geschichte unbekannt *)

Diplomatie gewinnt: Wolf W. Lakso/Iris Seim: *Die WOW Präsentation, Der Traumdeuter,* © Verlag Dr. Th. Gabler, Wiesbaden 2002

5 Auch Bilder erzählen Geschichten:

©Wolfram Beschle und Karl-Ludwig Oehler

6 Konflikte vermeiden oder lösen

Fair miteinander umgehen: Autor der Geschichte unbekannt *)
Die Sichtweise ist entscheidend: Autor der Geschichte unbekannt *)
Konflikte zulassen: Christian Tschepp & Susanne Schinagl: *Die Hummel, Warum machen die das so?,* © Junfermannsche Verlagsbuchhandlung, Paderborn 2007
Positiv mit Konflikten umgehen: Nach einer Erzählung von Vera F. Birkenbihl in *Story Power, Story vom Wind und der Sonne,* © FinanzBuch Verlag, München
Spielregeln beachten: Nach einer Erzählung von Vera F. Birkenbihl in *Story Power, Ethik oder die 101. Kuh,* © FinanzBuch Verlag, München

7 Veränderungen gestalten

Ganzheitlich denken: Autor der Geschichte unbekannt *)
Tradition verstehen: Christian Tschepp & Susanne Schinagl: *Die Hummel, Apfelstrudel,* © Junfermannsche Verlagsbuchhandlung, Paderborn 2007
Offen sein für Unbekanntes: Nach einer Erzählung von Vera F. Birkenbihl in *Story Power, Jeep auf Bergtour,* © FinanzBuch Verlag, München
Veränderungen annehmen: *Stufen*, aus: Hermann Hesse, Sämtliche Werke, Band 10: Die Gedichte. © Suhrkamp Verlag Frankfurt am Main 2002
„Normal" oder „verrückt"?: Nach einer Erzählung von Anthony de Mello, *Geht es um Spiritualität oder Psychologie?,* aus: Ders., *Der springende Punkt*, S. 23/24, © Verlag Herder GmbH, Freiburg i. Breisgau, 6. Auflage 2008

8 Mit Freude führen

Eine gemeinsame Vision: Wolf W. Lakso/Iris Seim: *Die WOW Präsentation, Der David des Michelangelo,* © Verlag Dr. Th. Gabler, Wiesbaden 2002
Feedback geben: © Wolfram Beschle und Karl-Ludwig Oehler
Ziele oder Wünsche?: Autor der Geschichte unbekannt *)
Wertschätzung tut allen gut: Autor der Geschichte unbekannt *)
Toll ein anderer macht's: © Udo Klopfer
Anerkennung motiviert: Christian Tschepp & Susanne Schinagl: *Die Hummel, Ganz viel Klatschen,* © Junfermannsche Verlagsbuchhandlung, Paderborn 2007

9 Erfolgreich verkaufen

Persönlichkeit vor Taktik: Eugen Roth: *Ein Mensch, Erfolgloser Liebhaber,* Carl Hanser Verlag GmbH & Co. KG, München
Begeisterung gewinnt: Autor der Geschichte unbekannt *)
Preisgespräch mal anders: Wolf W. Lakso/Iris Seim: *Die WOW Präsentation, Freude an der Arbeit,* © Verlag Dr. Th. Gabler, Wiesbaden 2002
Manchmal braucht es Mut: Nach einer Erzählung von Bernd Gänswein. © Wolfram Beschle
Die Balance ist wichtig: Autor der Geschichte unbekannt *)

*) Das Urheberrecht ist uns bei den Geschichten und Gedichten wichtig. Trotz intensiver Recherche konnten wir den Autor nicht ausfindig machen. Bitte informieren Sie uns, wenn Ihnen ein Quellenhinweis vorliegt. Vielen Dank.

Die Autoren

Wolfram Beschle

Jahrgang 1958
verheiratet
3 erwachsene Kinder, 1 Enkel

Gründung des eigenen Beratungsunternehmens BESCHLE.personal im Jahr 2001
20 Jahre Führungserfahrung, davon 10 Jahre als Personalchef in einem Unternehmen der Sparkassen-Finanzgruppe
25 Jahre Erfahrung in Coaching, Beratung und Training
Bankbetriebswirt
Ausbildung als Verhaltenstrainer und Coach
NLP-Practitioner (DVNLP)
Ausbildung in Hypnotherapie nach Milton Erickson
Sportpilotenlizenz

www.beschle-personal.de

Karl-Ludwig Oehler

Jahrgang 1959
verheiratet
2 erwachsene Kinder

20 Jahre Führungserfahrung in der Sparkassen-Finanzgruppe, zuletzt als Marktbereichsleiter verantwortlich für 90 Mitarbeiter im Vertrieb
langjährige nebenberufliche Tätigkeit als Trainer und Coach
seit 2006 selbstständiger Redner, Trainer und Coach in den Bereichen Verkauf, Führung, Team- und Motivationstraining sowie Mentaltraining für Sportler und Jugendliche
Windsurfer und Skilehrer/Trainer B-Lizenz Alpiner Skirennlauf

www.oehler-seminare.de